Hainan Roundabout Trip Road

Hainan Round about Trip Road

LIDO

from
land to
destination

从土地到目的地

上海三联书店

曹宇英 著

PREFACE 序言

towards
the destination
utopia

我们如今所看到的生机勃勃的开发案例和动人场景，无一不是"从土地到目的地"的进化结果。一个地方的整体文化风格或美学特征（即场景），影响着人们的行为，同时决定着他们的迁徙、工作、居住与生活。场景塑造着社会生活。

序言

斯坦法诺·博埃里

这个世界有很多原因会阻止我们下定决心去到某个地方。

如果，信息和知识在我们口袋里的移动终端触手可得，我们或许不再有动力每天去泡图书馆；如果，出于新冠疫情或其他原因，人们开始居家工作，那么办公场所繁忙热闹的图景就会衰减；如果，线上购物、线下送货可以更加便捷流畅，总会有人懒到整整一年都不去商业中心；如果，我们可以在线庆祝某个节日，为什么还要涌上街头和公园？

当我在欧洲思考上述这些问题的时候，不谋而合地，远在中国的曹宇英先生也开展着他对当下环境的可达性和吸引力的研究。虽然我自己仅仅是在中国疫情解封之后，才开始了解他所带领的安道设计集团，但是这家总部位于杭州的设计公司，已经在景观与都市环境领域耕耘了二十多年，有着成熟的工作体系和富有前瞻性的事业素养。

在两个重要线索上，我与这本新书的观念高度一致：其一，引人入胜的场景应该是人工干预和自然景观充分融合的存在；其二，人们应该有充分的自信去主动选择自己喜爱的场所，从真实的环境之中得到未曾有过的体验。

　　位于米兰的"垂直森林"是改变栖居和社区场所的一次宣言。它让一片土地拥有更高的人口密度的同时，也享有更健康且密集的自然植被和生态环境。110米的住宅高楼上分布着3米、6米、9米高度不等的900棵树，以及2 000株种类纷繁的花草灌木。它们点缀在向阳侧的立面之上，在城市之内置入了一个高达7 000平方米绿化覆盖面积的"森林"。人们更乐意定居在此，或短暂来访和集聚，感受秋叶从空中落下的优雅氛围。这个项目证明了，人工建造与自然生态，当两者巧妙相融之时，人类和其他生物都会乐于来到此地。

　　垂直森林的植被系统将带来湿润的空气，同时吸收二氧化碳及粉尘，制造氧气，营造出一个适宜居住的微气候，同时也验证了建筑师在保持城市现有规模和体量不变的情况下，在都市内再造森林、重现强大而多样化的生态环境的可行性。同样，在中国，很多建筑师、规划师、景观设计师也致力于将合适的场所塑造为生态、自然、健康、可到访的目的地。我们在曹宇英先生和安道的新书中，可以欣赏到很多不同程度的成功实践，包括参与阿那亚的艺术节、打造稻田里的年轻创客集群、洱海边的自然学校、被称为"野生办公"的全新工作环境，以及与我有着共同追求的森林城市与垂直社区研究。

书中这些实例聚合在一起，不仅对中国在过去几十年城市化高速发展时期所留下的未曾解决的困境进行反思，也能够为未来的城市发展提供可持续、指向清晰、富有趣味的实践支撑。

说到这个世界上最大的"目的地"，或许就是世界博览会。在2008—2010年，我和雅克·赫尔佐格等专家一起，协助米兰市市长为"2015世博会"做了概念策划。此后，我的团队负责总体规划的深化，将"滋养地球"这样的宏大主题转译为观众的实时体验。这场盛会成为很多人的"年度目的地"——人们从世界各地为它而来，中国人、阿根廷人、南非人，都来到米兰，他们观摩、学习、旅行、分享，充满着信息的交互、贸易的交叠、文化的交织，以及许多其他的积极美好的计划。在政治和外交的维度，世博会也促成了申张"在世界范围内将食物作为基本人权"的《米兰宪章》的签订。

当我们在设计米兰世博会的时候，欧洲社会正处于一个经济缓慢衰退的时代。我不想让世博会的各个国家馆被理解为财富差异和地缘政治的代表，而是为每个国家留有一个简单而平凡的空间存在，展示它们在农业领域的生物多样性和食品工艺。这样，米兰世博会不仅展示了一系列的展览品和商业产品，而且也以相对简单的方式揭露了地球亟需解决且不可避免的难题，因而具有深刻的传播意义。

城市的大事件促成了"大目的地"，那么在日常的生活轨迹上，可以分布着不同尺度、不同类型的"小目的地"。在中国，社会和经济的快速流动，可以促使很多区域再次发挥吸引力，吸引人们前来完成某个目标行为。这本新书最为具体而精准的价值，就是分析和指引人类社群活动中若干个不同维度的行为方向，并且以它们为基础来诠释如何将一个既有的环境变得引人入胜，让更多的人们乐意前来身临其境。

如今，正如米兰世博会的巨大遗产已经逐渐回归到一个日常性的农业景观，安道设计为中国城市化所积累和贡献的成就，也会逐渐聚焦在更有目标的范畴和领域之上，为我们每年365天充实而连续的生活提供动力。

　　我建议所有在城市化发展的当下阶段感到困惑的人们读一读这本著作。不论你是政府层面的城市管理者、土地的投资者和开发者、渴望创意的策划师、从事理论研究的学者和研究生，抑或仅仅是对人类未来生存的物理和心理环境抱有兴趣的社会人士，都可以从这本读本中感受到快乐和期望。

　　当然，我们更应该带上书本，选择一个向往的"目的地"，去感受身临其境的魅力。

斯坦法诺·博埃里 (Stefano　Boeri)，世界著名的建筑师和城市规划师，米兰理工大学教授，2015年意大利米兰世博会总规划师。出于对高密度都市自然的突破性研究和实践贡献，他也被业界誉为"垂直森林之父"。博埃里先生曾被许多国际大学邀请为客座教授，如哈佛大学设计研究生院、École洛桑理工学院、鹿特丹的Berlage学院，等等。

意大利米兰"垂直森林"

自序

曹宇英
安道创始人，设计师

这几年，我经常思考一个问题：一条街上的餐馆，为什么有些生意兴旺，有些却门可罗雀；到处林立的办公楼或工作园区，为什么有些租金不菲，仍吸引着大量企业入驻，有些却无人问津；同样位于郊区的楼盘，为什么有些可以成为美好生活方式的代表，有些却销声匿迹；对于城市而言，为什么有些城市不断吸引着人口的流入，有些城市却面临人口的负增长而不断萎缩？

这些现象的背后，究竟有着怎样的逻辑？是什么因素让一个地方充满吸引力？人们对一个地方赞不绝口，又是什么影响着他们的态度和评价？

这些问题看上去似乎没有标准的答案。

当下的创意设计工作者如同身处社会前沿的互联网先锋、经济学家、社会学家以及政府的管理者，需要共同探讨未来的趋势。这不仅关系到个体和企业在未来的价值，也关系到创意设计学科在未来的发展方向。所以我们必须积极地探寻现象背后的原因以及未来的趋势，同时需要找到创意和设计在其中如何起到引领的作用。这将有助于我们在提供解决方案初始，能够找到正确的方向并采取有效的措施与策略，帮助项目取得成功。

　　2021年，我们的研究院着手进行关于城市可持续、新消费、新娱乐、健康疗愈、未来社区、未来乡村等类型的研究，并分别从品牌、场景、内容、营造、运营的五个维度去分析一个地方和一个项目之所以取得成功或者导致失败的原因。然而，我们发现，这是一个广泛而又庞杂的课题，影响一个地方或者一个项目的因素，除了我们研究的五个维度以外，还涉及时代背景、消费现象、地域差别、审美情趣、经济水平，甚至一些偶然的因素。

　　很多人说，"一个成功项目的经验是来自最后的总结。因为在开始的时候，谁也不知道项目能否取得成功，谁也不知道这样做是否正确"。然而，纵观每一个项目，我们发现失败的原因各有各的不同，而成功的原因却有着它们一定的共性。随着研究的深入我们形成了一种共识：一个成功的地方和项目，往往在一开始就有着雄心勃勃的愿景和与之对应的价值观，它们共同直接指向美好的生活和一处人心之向往的地方。我们称之为"目的地"。

在今天这个充满不确定的时代里，在当下所有的不确定性都来自外部社会环境的丰富变化和随机风险里，"目的地"为我们提供了一种方向感、清晰感和路径感，使得在精准捕捉到人们的真实需求的同时，又能够超越期望。那么打造"目的地"，从哪里开始，又在哪里结束，究竟有没有所谓的方法论呢？

在一次关于伦敦巴特西电厂的城市更新的研究中，我们获得了打造"目的地"的启发与灵感。巴特西电厂的城市更新从一开始便构建了项目的宏伟愿景：让伦敦成为世界"目的地"。这个雄心勃勃的愿景通过宣言的方式成为原则，帮助决策者做出真正重要的决策。同时，宣言也成为所有人行动的指南。而围绕"进化、购物、学习、娱乐、工作、居住、连接和品牌"的讨论与思考，涉及未来在巴特西生活的方方面面，从而构建起这个地方的生活场景，巴特西最终成为伦敦的又一个新地标。

芝加哥学派关于"场景理论"的研究提出，我们需要将后工业时代的城市看作具有美学意义的地方,涉及消费、体验、符号、价值观与生活方式等文化意涵。场景理论把空间看作是汇集各种消费符号的文化价值混合体,作为城市发展的内生动力,一个地方的整体文化风格或美学特征(即场景),不仅影响着人们的行为,更决定着他们的迁徙,在哪里工作或在哪里居住。今天,阿那亚、良渚文化村、天目里、乌镇、麓湖,以及我们所在城市的成功,都来自价值观下场景的成功塑造。这在很大程度上颠覆了几十年间城镇化运动下的营造思路。在快速城镇化发展下,土地本身、资本注入、资产增值、人口流入等因素决定了一个地方和一个项目的成功。在进入存量时代,随着政策、流量、人口等红利的消失,资本、生产和资源等引发成功的要素已经显得乏力,无法带来持续的增长。今天,关于“目的地”引发的愿景、价值观和场景的较量,促使不同文化价值取向的人群聚集,从而催生出“目的地”,并推动了一个地方和一座城市的经济增长与活力迸发。在这条思维的主线上,创意设计与社会趋势产生了共鸣。

如何以高质量的场景推动“目的地”的产生?彼得·卒姆托(Peter Zumthor)在2017年“DEAR TO ME”展览的前言描述道:“文化是关于

世界的思考，靠近去看，提出问题，聆听、理解。文化创作意味着提供一种想法或感受的形式，将其置入音乐或舞蹈、戏剧或建筑、文学、绘画、装置或电影等世界里，我喜欢这些东西，它们是我需要呼吸的空气。"卒姆托在这段话中，揭示了关于"目的地"场景的打造方法，那就是"整体艺术"，这一来自著名德国音乐家理查德·瓦格纳（Richard Wagner）的观点。他主张将各种艺术形式重新回归到一种自然和谐的联系中，恢复各类别艺术之间原有的自然联系，发展一种整体艺术。对于各种艺术形式朝着各自完全独立方向发展演变的今天来说，这具有重要的意义，同时也对从业者提出更高的要求：我们不仅需要跨界的合作，更需要具备整体艺术的理念，在艺术的感召力下，全面调动人们的各项感官，创造迷人的场景和富有意义感的生活。

今天，我们身处行业转型、经济下行的微妙时机，我们需要看到推动未来社会发展的驱动要素已经发生变化。我们不能沿用上一个时代的成功法则来指引下一个时代的行为，而是需要寻找新的增长地图、新的方法和新的路径。

新的地图已经绘就，那就是"打造未来目的地新形态"。我们需要通过一个个"目的地"的打造，以高质量的生活场景促进社会的美好，这对创意设计工作者而言，需要从设计生产者的角色转变为内容的制造者和场景的策划者。这个转变，一方面要求我们打破专业的边界，另一方面需要我们从技术代理人的角色转变为社会问题为导向的代理人、美好生活方式的共创者。同样对于投资者和开发者而言，"目的地"是一个筑梦的过程，需要围绕着一个宏大的愿景和美好的初心；对于运营者而言，需要放弃既往成功的经验，所有的活动、内容和服务围绕以人为本而展开，并激励所有到达这里的人都成为你的共创者；对于城市的管理者而言，从强调土地、资本、劳动和管理效率等维度，转向以文化促进消费、创新创意构建、价值观塑造和生活方式创建等软性维度，从而促进人才的聚集，以新场景、新消费推动城市的发展。

"Towards the destination utopia."
让我们一起去创造更多令人向往的地方。

CONTENTS 目录

102/ 节庆

节日与庆典
从节庆到"节日之城"
节庆塑造地方生活方式
共同的节日，共同的目的地
策划一场属于你的节日

156/ 工作

引人入胜的工作场景是一种新兴生产力
"自治""自由""自洽"的工作场景
从一杯咖啡到一个社区

124/ 学习

人工智能时代下的学习场景
在"文化线路"上探索知与行
游戏与教育，一对分不开的共同体
从象牙塔到广义的知识场景

180/ 疗愈

从健康到"澎湃的福流"
以人为中心的健康设计
健康生活方式改变未来社区

208/ 栖居

248/ 乡村

280/ 城市

322/ 品牌

334/后记

The destination guide to better life

一个称之为目的地的地方，需要创造一个独特的概念，旨在激发愉悦。这里可以提供丰富的生活、工作的机会、多样的娱乐和学习的环境，从城市、乡村、景区、工作场所、购物空间到社区，皆可以成为一个令人向往的目的地。

电影《阿甘正传》有这样的桥段:人生就像羽毛,随风飘扬有起有伏,不知何处是归宿,充满着随机性,充满着不确定性的乐趣。作为某一时刻的生活方式,"无所目的"或许可以成为令人羡慕的生命状态。但是,在大多数人类正在发生、有所期望的事业或事件活动中,我们不能寄希望于漫无方向、随机概率之中获得成功。

其实,大部分时候,我们观察到的成功,具有一种巧妙的指向性。

土地开发,是人类最昂贵、最复杂的商业行为之一。然而在过去二十年"猪都能被吹飞"的时代,市场的膨胀掩盖了战略和战术上的策略指向。市场曾经造成一种暂时的假象:土地是黄金,只要拿下土地就能成功,土地只要经过开发就能产生丰厚回报。如今,随着经济的放缓,人口红利的消失,房子回归居住与生活的本质,原来的游戏规则已悄然巨变——缺乏策略、缺乏技巧、缺乏指向性的开发行为,失败的概率正在成倍扩大。同时我们也看到,这个世界总有一些经过精心打磨的场所,令人追逐和向往。它们跳脱了区位的约束,跳离了均质的天平,跳出了功能的限定,成为价值集中释放的"目的地"。

"目的地"帮助在残酷的竞争中获得价值集中效应

目的地,英文叫做"destination",释义非常简单,就是"人们想要到达的地方"。但是深究起来,这个词又有着非常深奥的内涵。我们究竟想要到达什么地方呢?人类对"目的地"的选择和判断,既包含了对客观世界的现实追求,更是暗示着主观世界的精神向往。"目的地"与我们日常场所轨迹的较大区别,在于它有一种指向性。

人们出于某种目的,专程为此而来。比如我们日常去餐厅就餐,餐厅本身不是目的地,但如果你很想去品鉴一家网红餐厅,或者出于某个目的(比如周年聚会)去体验这家餐厅,那么,这个被选择的场所本身就成为目的地。为了来到这个目的地,我们会精心筹划、打扮自己,期待它的出现。再比如,我们去商场随便买一个手机,商场本身不是目的地,但是选择某个日子(比如发布会)到充满设计感的苹果(Apple)门店里去购买手机新品,这里就变成了目的地。所以,目的地总是比承载我们日常轨迹的场所有着更强烈的被选择性。

在一个增量的市场中,或者在一个假设无限膨胀的市场中,目的地的效应不会那么明显。比如某时某地有十个餐厅,以及一千个需要就餐的顾客,那么每个餐厅总能获得随机的客户以维持经营。然而,如果餐厅数量不变,客户减少到五百、两百,怎么办?再如果,信息化的网络评价和传播加剧了竞争的极差,会出现什么结果?我们会发现,有限的客户资源绝非均质分配,某一两个具有网红吸引力的餐厅门庭若市(排着长队等位),其他餐厅则客源稀少、处于亏本状态,两个场所甚至仅仅一墙之隔。

以杭州天目里为例,这里不分四季总有海量的人流驻足,而近在咫尺的隔壁园区,商业人气落差巨大;再以阿那亚国际社区而言,这里熙熙攘攘不断上演着事件,而同样拥有海岸线的其他社区,未必有这么好的人气。也就是说,人们正在"直奔"某些地方,而严重忽视其他属性接近而吸引力不足的区域。所以在信息科技的社会化应用不断发展和市场下行的时代背景中,我们需要基于"目的"引导更精确化的需求和行为,同时让"目的地"的价值集中效应在残酷的选择和竞争中,成为吸引人们到来的关键因素。

从自然演变到"目的"的进化

进化论的基本观点在于,事物的发展演变是在外部条件的变化之下进行不断迭代的残酷选择的结果。不论主观意愿多么强烈,事物在客观发展上必须顺应"时代天择"。如果达尔文的进化论是自然状态下的物竞天择,那么"目的地"是新达尔文主义的非自然状态下的物种进化,在社会、经济、时代的指向性之下,将遵循"目的"作为进化的规律,"为了⋯⋯为着⋯⋯意图⋯⋯目标⋯⋯以利于⋯⋯"成为进化的推动因素,赋予特定有限的土地资源以某种价值,激发不同行为需求的空间和场域。

如果把土地的开发运作,理解为地球"广义生命形态"的一种类型,人类对土地的开发利用,经历了自然循环的农耕时代、工业大开发时代、后工业时代的城市更新,以及融合互联网科技的新消费时代。土地开发的运作规律其实遵循着某种从"量产"到"定制"、从"海量概率博弈"到"精准锁定目的地"的转变历程。这个历程的趋势是更加集约、更加生态、更加可持续的,也是推动城市及地方发展的健康动力。

　　土地是一种稀缺的"原料",只有经过开发才有价值。从土地到"目的地",是让原本不太具备"目的地"特征的土地,产生某种引力效应,从而提高生活的品质和价值,实现未来生活方式的多样性,是打造"目的地"的意义所在。

　　"目的地"的形成,代表着围绕"目的地"而产生的经济,它不仅创造了多元的消费和体验,更是这些消费通过商品、内容、体验和服务带来全新的消费升级。它与增加市场价值的生产性"资本"概念形成鲜明对照。这是来自将消费转换为"目的地"经济而带来的意义价值,通过意义的价值,实现土地从原始租金、能力租金转化为情境价值与公共价值。租金不仅仅来自土地本身的价值,更是来自并不一定为经济目标而生产的商品和服务所带来的间接经济收益。同样,"目的地"的"集聚效应"促进了互补性产业的共存,也吸引着各类相关消费内容和相关产业的交往与互动,提升所有人的表现,它超越各个独立子项创造的经济效益。这种更深、更广的集聚效应,将人们带入共同创造的新消费体验场景中,提升区域整体环境的价值。

"目的地"是一种独特而全面的社会生活

　　今天,消费开始取代生产,消费方式取代了原有的生产关系,成为推动地方和城市发展的动力，美好的生活方式也转向了特定和具体的消费场景。而"目的地"是以价值为驱动，将消费、场景、内容组织成一个有意义的社会形式。基于不同的群体和不同个体的欲望和偏好，催生出各种新的场景，从而成为一种崭新的生活方式。

"目的地"的开发理念，从空间为生产单元的功能体验，走向事件、内容和运营的新场景体验，成为时空下的生活旅行，成为人们的"情感共同体"。关于"目的地"，我们需要从畅想新的生活方式开始，延伸到其核心价值。而价值的核心是全面建构一个"目的地"的社会生活，从美食、社交、工作、创意、休闲、亲子、居住、学习、购物、逛街、市集、音乐、健身、运动到艺术等生活元素。然而，这些生活元素在不同的"目的地"中，会呈现各自不同的组合，它们如同化学元素周期表中的不同元素，在不同的组合下，会产生化学反应，催生新的物质。

所以，在一个"目的地"中，如何去将这些独立的生活元素，依据价值的排序和地方的特征进行组合，从而产生新的消费场景，是构建"目的地"的核心能力，比如将艺术文化体验与购物消费引入办公园区，打造充满吸引力的办公场所。我们把这种具备复杂成功要素的土地价值指向，以及相应的策划设计和运营行为，称之为"从土地到目的地"。

今天，从杭州良渚文化村、秦皇岛阿那亚社区、日本虹夕诺雅度假酒店，到位于伦敦泰晤士河南岸的巴特西电站、位于纽约曼哈顿的哈迪逊广场，都是新时代的"目的地"打造之典范。这些"目的地"，不仅提供着丰富的生活内容、娱乐内容、购物内容和工作内容，更是满足了人们的精神需求和对当下时代的情感回应，从健康疗愈、文化共鸣、美学滋养和在地连接等需求。这里的酒吧、咖啡馆、餐厅、书店、图书馆、画廊，甚至博物馆等为人们提供着多元和亲密的场所，人们在这些空间享受彼此的陪伴及真实的生活。它们散发出的感觉，让此时此地成为极具吸引力的"目的地"，成为住客、游客、创客们发布在各自社交媒体上的精彩内容。

thinking
destination

"目的地"不能以常规的场所类型学来简单归类，但可以基于某些原型基础不断进化而成。我们需要去思考关于"目的地"的场景，从娱乐、购物、学习、工作、居住，连接到品牌。

今天，从国家到城市，从地方到乡村，从景区到各类文化与商业场所，都将打造"旅游目的地""休闲目的地""美食目的地""亲子目的地""度假目的地"和"世界目的地"，等等，作为雄心勃勃的愿景与口号。不同媒体和旅游相关机构纷纷推出的"目的地"的排名，让"目的地"一词不仅成为一个地方发展成果的评价，更是一种方法论，指引着一个个美好地方的诞生。

如何打造"目的地"？一个成功的"目的地"需要精准的设计和策划。尽管设计本身不能直接确保"目的地"的成功，但是设计与某些复合行为的搭载，促成了成功的关键因素。每一个获得成功的"目的地"，都存在某种"设计效应"与"现实条件"之间的化学反应。

现代主义建筑和城市理论，曾经将功能区分作为实践准则，进而确立起不同类型的逻辑和标签。但是在日益复杂交织的世界里，单一的类型越来越无法促成一个丰满的"目的地"。比如我们去商场可能不是购物，而是聚餐或者运动。我们去办公室也不一定是工作，而是学习和社交……从现象上说，"目的地"总是伴随着某种类型（或功能）的解除约束或需求叠加而得以确立。

至此，我们将研究对象"目的地"定义为："在人类对建成环境的追求中，将特定有限的土地资源赋予巧妙的价值设定，激发不同类型复杂行为需求的空间和场域。"不论是作为娱乐目的地的迪士尼主题公园，作为消费目的地的上海天安千树，作为工作目的地的杭州天目里，还是作为栖居目的地的良渚文化村……它们无一例外都能够赋予既有的功能以更多意想不到的混合性和多样性，不断吸引人们来到这些地方。

在我们的研究和实践中，将"目的地"分为九种基本原型，我们会逐一展开对它们的研究和分析。这九个原型不是简单的类型化，它们彼此之间存在着诸多的交织和影响；但是从原型出发，我们可以更好地理解一个"目的地"产生的必要条件和可能性。

基于这些"目的地"设计原型的研究，我们结合实际的工作，希望能通过不断实践，给到大家启发与灵感。虽然，我们很难说这些案例是成功的，但仍不妨把这些项目看作是从研究到实践的思考对象。

家庭娱乐目的地

家庭娱乐目的地旨在为家庭或团体提供一个超越预期的娱乐场域：在邻近的都市生活圈，与家人或朋友相伴，体验自然、艺术、运动、兴趣相结合的闲暇休憩时光，让孩子们在幸福的时光中，体验地方独有的文化、生态、故事和习俗。

如何透过不同年龄段的需求探索"向往的生活"？如何透过体验的内容讲述好地方的故事？这些是家庭目的地面临的首要问题。

社交目的地

社交目的地承载着人们追逐健康生活方式和社交生活的美好愿景。人们在这里不仅解决交流互动、聚餐茶话、逛街购物、充电学习、运动健身等需求,还能邂逅集市、艺术,以及美丽的风景。

越来越多的社交场所以全新的面貌出现:天目里这样具有强烈文化特征和高品位环境体验的都市绿洲一步步成长为新的社交目的地;成都"源野"将公园里的商业变成年轻人趋之若鹜的社交场所。社交目的地如何与当下的生活和流行趋势结合,是思考社交目的地的切入点之一。

节庆目的地

现代管理学之父彼得·德鲁克(Peter F. Drucker)曾预言:"未来的社会是'自由人的自由联合',唯有共同的价值观、共同的爱好、共同的节日才能把不同的人连接起来。"因此,节日和庆典扮演着重要的角色,无论是戏剧节、音乐节、时装艺术节、海报设计节、艺术策展、沙滩露营节……每一个节日、每一场庆典背后,都是一场关于"发生故事,留下回忆"的体验。

如何通过节庆目的地加深彼此间的亲密关系,让短暂的过客和长住的居民都能找到归属感,是打造节庆目的地的重要课题。

学习目的地

学习目的地是让孩子和不断学习的成人,沉浸式地体验周围的世界,观察那些真实而有意义的事情,让人们置身于地方遗产、文化、景观以及机遇和经历之中,并将其作为学习语言、文学、数学、人文、生态、工业、历史、社会研究、科学等其他科目的基础。

从象牙塔到广义的知识场景,学习目的地旨在提供一种巨大的场域:让人们去实践并开展研究,让学习不仅仅成为到达目的地的一种手段,更是一种结合目标和乐趣的东西,一种在正式和非正式环境中都能享受的东西。

工作目的地

工作场所,是每个上班族每一天必达的"目的地"之一。不仅如此,越来越多工作方式的变化和拓展,诞生出层出不穷的工作场所。它们不再简单被"办公大楼"或"产业园区"这类术语所限定,而是通过富有魅力、引人入胜的场景营造,成为吸引人才、促进创新的新兴生产力代表。

自然疗愈目的地

快节奏、高竞争的现代生活使人长期处于压力状态,从而引发焦虑症、抑郁症、慢性疲劳综合征等疾病,已然成为全球性公共健康问题。如何恢复身心健康?打造疗愈目的地不失为一种有效的解题思路。

疗愈目的地是将天然的山川、河流、植物、动物、日光、明月、清风作为疗愈场。和日月星辰对话,和江河湖海晤谈,和每一棵树握手,和每一株草耳鬓厮磨。自然,总能带来自然的能量和灵感。

栖居目的地

选择在哪儿栖居,实际是选择对生活的理解和想象。人的日常若只是"二点一线",那城市里的家便只是落脚地。

理想的栖居目的地,不能离自然太远。从陶渊明的《桃花源记》到亨利·梭罗(Henry D. Thoreau)的《瓦尔登湖》,从伦敦的芭比肯到今天的未来社区,人们渴望惬意的田园理想生活,也渴望着能满足每一个人关于生活的理想和具体的空间。

乡村目的地

通过从生产到生活,从游历到栖居,乡村可以作为一种新型的社会空间,一种持续身份认同的建设,社区营造与自我组织的完善,形成有效的文化生产规范。凭借着千丝万缕的价值流动,乡村可以借由田园生活的理想,实现人们对于工作、娱乐、学习、栖居和健康生活的追求。

城市目的地

城市人居意味着城市建设的重心回到以提升城市生活环境品质为目标。从城市更新到创意产业;从TOD网络到多中心发展;从绿地到公园系统;从碳中和到绿色出行;从消极公共空间到城市活动地带,城市需要打造"以人为本"的新场景,吸引人们的到来。

创意阶层的崛起,使得人们在拥抱低碳和可持续的同时,以创新创意推动城市的新产业、新经济发展。促进消费改变人们的生活习惯,创造一个更富想象力的地方。

EVOLVING 如花园一样生长

destination evolving

将一个地方打造为"目的地"，我们需要为它制订一个生长的图谱。这如同自然界中的序列进化，随着时间的推移，原来贫瘠的土地上会演变出繁花似锦的花园，最终为丰富的生命提供栖息地。

"目的地"如同一个有机体，会不断随着文明、经济、社会的需求产生变化，有些是生长，有些却是消沉。一个完美的社区包括成熟的风景、充满活力的文化场景、兴旺的酒吧和咖啡吧，它们需要经过不同阶段的生长。从新的邻居到熟悉的邻里，从陌生的空间到亲密的场所，从贫瘠的内容到24小时的生活剧场，就如同一座花园，从青涩到枝繁叶茂，这不仅需要一种长期的愿景，更需要分阶段的目标来指导各个阶段的成长与迭代。

　　"罗马不是一日建成的"是一句鼓励人们不断努力的谚语。打造一个激动人心的地方，同样需要随着时间的推移，逐渐地演变和生长。

　　"目的地"的开发遵循的是一种打破传统开发的思维，不仅仅是依据财务的收益与平衡、建设的周期来进行开发，还需要依据全生命周期下生长的规律，思考一个如何能成长为生活、工作、娱乐、购物、学习和彼此连接的地方。这如同自然界中的序列进化——连续的生态阶段，随着时间的推移，原本贫瘠的土地上演变出茂密的森林，最终为丰富的生命提供栖息地。

　　我们把这种基于"生长"理念下的开发模式，称之为"段落式地方营造"。段落式的地方营造需要为人们建立地方归属感的生长路线图，在不同发展阶段下采取有目的的介入，是一个方法论。段落式地方营造的重点不是物理的空间，而是去构建一个地方的归属。它站在动态生长的角度，关注在时间作用下，于不同时期为人们注入所需要的社区归属养分，它扎根于在地文化，建立在地社区，融入在地连接，打造在地记忆,最终形成包容的、有温度的、有社区归属感的情感共同体。以今天的良渚文化村为例,万科用了21年,最终让5 000年文明延续并创新生长,成为有着国际化生活范式下的一个栖居目的地。

种子阶段:从发现与定义开始

在设计领域,设计流程有两个模型:一类是斯坦福大学哈斯普拉特纳设计学院提出的五阶段设计思维模型,即共情—定义—概念—原型—测试;另一类是英国设计委员会提出的双钻设计模型,即发现—定义—建立—产出。它们的共同点是都从发现和定义开始,首先确保设计正确的事,其次是经过概念产出与测试的反复迭代的过程。

种子,需要扎根土壤。任何一个新建项目,它并不是由红线框出的一张空白画布,而是镶嵌在城市地图中的一片片拼图。不仅需要考虑空间如何融于城市肌理,更需要关注在地文化和在地生活的连接与渗透。因此,在项目伊始,如何发现、理解、定义它的生长路径就变得至关重要。在这个阶段,需要多方参与共建,聚集所有利益相关者,倾听他们的声音,并取得互相认可。通过前期调研及共创工坊,在协作中融入在地文化、激发场所活力、定义核心标签,让与这片土地息息相关的人们,由陌生到熟悉,建立人与人、人与场所之间的安全感。我们不是只将结果呈现给大家,而是试着和大家一起共同创意、共同创造。

萌芽阶段：即时活动与发现新大陆

"萌芽"是为了传递价值观和生活方式。先行区、示范区或者各类活动不只是营销，更是通过临时且生机勃勃的即时活动空间，展示所关联的未来生活，让人们参与进来。

萌芽阶段，通过打造初期体验型空间，结合短期、长期和临时性的参与活动，它欢迎城市、街区、附近的居民，相似价值观的所有来访者。通过策略性的快闪活动推广，让场所为人所知，吸引猎奇心态的初次造访者。参与体验后，他们或许还能成为发现新大陆传播者。那些现象属性的"即时活动"在未来或许也能成为社区专属的节日庆典。如同圣地亚哥I.D.E.A的街区，一些艺术院校的年轻人在通往I.D.E.A.的门户处改造了一个停车场：用货运集装箱这一简单的移动景观，营造了一个约为1 115平方米的啤酒花园/社区聚会空间。艺术家在这里做艺术，音乐家在这里创作音乐，原来临时的空间现在已成为这里的核心。

成长阶段：磁场吸引力

"建成初期，开发者联动在地组织（街道、在地企业，民间组织）引导社群的建立，以此吸引相同磁场的人，共同塑造地方个性基因，用活动拉近人们的距离。"

"地方芭蕾"（Place Ballet）是美国学者大卫·西蒙所提出的概念。他认为，身体在日常生活里反复操作、习惯成自然的过程中，让人不必经过大脑也可以轻松完成许多惯性动作，这些因习惯成自然的身体姿态也会让人们的一举一动呈现出一种特殊的韵律和节奏——自动、不自主、习惯等近乎机械般的"身体芭蕾"。进一步扩大到"目的地"的生活场域，被吸引的初期定居者或来访者充分参与到社区成长，通过一系列规律且持续的活动，形成稳定社群，便可以一起构建社区的文化基因，塑造地方个性。在这里，信念变成了共同体，传达着我们相互认同的生活态度和社群文化，这就是所谓的"地方芭蕾"现象，促进人与地方的依附关系、人和人的亲密关系。今天阿那亚的成功可视为初期定居者在情感和精神层面对阿那亚的认可，他们愿意成为共创者，开展一种全新的共建模式，策划与精神文化相对应的系列活动，奠定社区的IP磁场，吸引更多有相同价值观的人。

开花阶段：人从众的浪潮

"目的地能够融入在地连接并孕育产业的诞生，不同领域的人们会慢慢构筑出新的社群关系，使其成为包容开放的有机体。"

开花阶段，是裂变的阶段。随着一个地方走向成熟，场所便可以衍生出更多的潜力和可能性。一个完善的"目的地"，融合了生活、学习、工作、休闲、娱乐、购物和居住等多元属性，拥有众多的商家、运营机构和大量的涌入者。随着各种设施的完善、内容的丰富、活动的频繁，它会促进各类产业的诞生，并形成基于"目的地"下的生态。不同领域的人们在这里生活、学习、娱乐或者工作，也会与这里的居民、周边的城市或乡村一起慢慢构筑出新的社群关系，形成围绕"目的地"经济发展的新模式。在此期间，运营者（或联动政府）需要结合当下背景趋势及定位，制订吸引其他版图从业人员入驻的策略，如产业培育优惠、灵活的招商机制、有吸引力的创业条件等。

自2012年起，良渚文化村进入开发的第三阶段，在持续的土地开发之余，主要通过推进产业培育和产城融合，培育未来发展的新动能。在原有已开发部分的基础上密集布局养老产业设施、文创产业设施，实现了从旅游度假区向复合型社区，并朝产城融合的方向转型。

结果阶段：顶级群落

"要让不同的主体得以持续地成为一种在地力量，最大的结合点就是生活：通过不同组织的共治，使社区能够形成自我循环并有机生长。"

对于一个地方而言，如何实现多元主体参与共治的机制，是其中很重要的一个命题，也仍处于探索阶段。一个地方在经历开花阶段，形成人群密度高、空间业态多样、活动丰富、设施完善，并且具有稳定社群属性的社区后，将步入它的结果阶段——一个自我循环并有机生长的顶级群落。在这一阶段,在地机构、地方基金会、外部资源等的引入,会成为一种持续的在地力量。利用基金会治理结构,通过微创投、微公益、微基金、微平台等形式,在运营管理层面逐步脱离仅仅依赖自身的运营,所有的人经过时间沉淀,形成自理自治并实现与地方的共生。今天,余杭的青山村和成都的麓湖基金会治理结构,都在尝试着自我循环的有机生长。

the value of values

我们需要将源自内心的真实想法和愿景，通过价值观、文化和立场来表达，并让它成为一种指导原则、思考方式和行为准则，这同时亦是一种承诺。

一个"目的地"的形成，首先需要产生一个雄心勃勃又简单明了的愿景，在接下来的时间里能为参与的主体方、设计方、建设方、运营方中的每一个人提供激励他们的目标，并且在他们做出真正重要的决策时提供帮助。最为重要的是，打造"目的地"的首要条件是创造一个独特的地方，而一个独特的地方，有着强大而独特的品牌形象，它以一种真实、戏剧的氛围与人们产生共鸣。宣言是将品牌和愿景付诸行动的承诺。

宣言的提法，尽管在今天看起来似乎过于传统、过于政治，或者说过于文艺，会让人第一时间想起马克思（Karl Marx）的《共产主义宣言》和格罗皮乌斯（Walter Gropius）的《包豪斯宣言》。然而，在短视频和自媒体炒作的时代，我们却是更需要如同先行者一样，持有坚定的信念和勇气。所谓的宣言并不是强制性地告诉大家，你要怎么做，而是将源自内心的想法和愿景，通过价值观、文化和立场来展示自己的承诺，并将自己真正相信的东西展示给大家。通过宣言的方式，让它成为一种指导原则、思考方式和行为准则。

独一无二的体验

我们需要拥有一个长期的、独特的、能引发共鸣的生活观点，为人们创造独一无二的内容和体验。这个观点来自对地缘历史和文化的重新审视，来自对未来趋势的判断和对客户需求的精准把握。

不断注入内容和事件

"目的地"需要有着持续而生动的内容与主题活动，它可以在一年内和一天内不断上演，保持与受众及时代的持续互动。每一个地方都有着其令人自豪的传统和文化，我们需要去创造独特的节日，来集中展示地方的文化，让活动与节日成为人们娱乐的方式，从而建立与地方的情感。

宜居的环境

宜居不仅仅是可以提供居住的场所，更是在舒缓身心的同时，为人们提供真实的生活、工作的机会、娱乐的可能和学习的地方。这里的餐厅和酒吧可以为人们提供充足的食物和独特的菜单，这里的文化空间可以为人们带来知识的氛围和前沿的咨询，这里的书店可以包含旅游、文学、建筑、艺术、手工艺、饮食等内容，这里的商店出售的是经过严格优选的本地的物产和手工艺品。

亲密的场所

亲密的场所,是"自在"在当下时空中的情绪价值。这里的空间是可以吸引和邀约人们进入的。人们在时空的互动和旅行体验中,建立起对于地方的理解,自然而然地产生将自己"安在当下"的情感,这也是所谓的"诗意的生活"。从旅游到旅居,从旅居到栖居,"目的地"作为一种新型的空间,可以成为一处情感价值流动的场所。

文化,文化,文化

发掘"地方"及其文化,并从其中汲取养分。通过文化再造与场景的重塑,经由持续性的事件、活动、展览、影像等,成为一个地方的共同价值观、思维方式和行为准则。

可持续的

在自然资源丰富的地方,我们不依赖提供丰富的物质来满足人们的需求,而是通过生态与保护的理念,获得精神的富足,同时,改变人们对于观光形式的理解,让生态旅游和自然野趣与人们的活动和谐共存。这不仅关系到消除"开发即是破坏"的传统印象,也在最大限度上减少对资源的滥用。

艺术魔法

现代审美的核心是真实，而古典审美的核心是理想。我们需要去创造真实世界下的审美，就是让艺术成为日常。我们需要让日常生活变得有仪式感和美的享受，比如去建造更多美的日常建筑，让美好事物发生。

美好的生活

"目的地"代表着一个个不同的美好生活，我们需要了解人们的真实需求，而不是追赶短期的潮流。我们需要从价值观和生活方式层面去理解当下和未来人们内心的渴望，回归本质，并超越人们的期望。

超级符号

如果说有一件事能让一个地方从众多竞争对手中脱颖而出，那就是强大而独特的品牌形象。当品牌拥有一种真实而美好的愿景，并转化为具体的空间、内容和活动的时候，一定会与本地居民和游客产生共鸣，使这个地方成为认同者和爱好者追捧的"目的地"，成为一种美好生活方式的代表，形成超级符号。

PLAYING 娱乐

Playing is a form of leisure

在一切皆为娱乐的时代,消费的内容与形式都以娱乐的方式出现,随着人们在娱乐中融入绘画、音乐、艺术、文学等内容,单纯的娱乐拓展为一种审美和文化精神,并成为一种主流的社交和生活方式。

娱乐可以分为很多。但最原始的娱乐，也是人类的天性之一，即为玩耍和游戏。玩耍和游戏，是一种非常原始的活动。自人类诞生以来，玩乐就从未缺席。人类祖先拿起石块模拟狩猎时的投掷就是一种最早意义上的娱乐。如果对比一下中英文翻译，我们会发现，"玩"和"演奏"，在英文里都是"PLAY"，而"游戏"与"比赛"，在英文里都是"GAME"。可见，在西方文化观念里，"玩出境界"是一种积极向上的人生设定。

玩，直通艺术和竞技成就。

"玩"是我们生命的开端，它不仅仅是一种活动，更是一种精神状态，是人们释放情感的方式。对于玩，每个人选择的方式都不相同，可能是与人社交、陪伴孩子、一个人独处，或是发挥创造力、参与体育运动，或只是发呆放松，也可能是一种生活状态、生活态度、生活情趣。

对于很多"70后""80后"来说，少年宫、动物园、植物园算得上家庭出游最"硬核"的配置了。要实现少年宫自由，一般还得等到儿童节或是考了"优秀"的成绩。如今，"家庭"这个"人类社会的最小组织单元"正在发生改变，从过去的"多孩之家"变为"养宠之家""三口之家"，加上旅游业迭代，人们对家庭出游开始有了更多的想象空间。曾经的"硬核"配置已经不再能满足现代人关于娱乐的需求。正如美国经济学家泰勒·考恩（Tyler Cowen）在《大停滞——科技高原下的经济困境：美国的难题与中国的机遇》中说道："我们的社会与经济全都构建于'这种唾手可得的状态会一直持续'的构想上，但是，那些伸手就能够着的财富，就像悬挂在低垂树枝之上的果实一般，早已经被摘之殆尽了"。

面对这种状况，让人们"随随便便"地花钱娱乐也已经变得越来越难。千篇一律的公园、旅游景点、游乐场已经不能成为家庭出游的目的地。透过消费市场的反思和自身产品的沉淀，我们需要以全新的视角来审视娱乐，并创新娱乐的内容和形式，让娱乐成为美好的生活方式，提供给人们快乐与富足。

在对话节目《十三邀》中，许知远提出疑问："如果我们的时代开始在大众传播领域讨论考古、物理、人类学……我们的娱乐方式会不会变得更丰富多彩？我们是不是可以不让娱乐那么狭隘？"伴随着人类发展、科技进步，娱乐在无形中拓宽了自身的边界，从文化的探索到美食的品尝，从家庭出行到亲子运动，从极限挑战到冥想体验……娱乐是一项追寻快乐和喜悦状态的活动，是帮助我们与自然建立联系，发现它对精神、身体、心理和情感幸福的意义。

娱乐目的地，不仅是一处带来娱乐和放松的地方，还是可以让能量得到补充、心理得到疗愈的地方，更是可以收获到知识的地方。无论是关于美的教育、自然的力量、爱的能力，还是想象力的释放、兴趣的培养，这些都是一个娱乐目的地所需要赋予的核心价值，也是一家人在娱乐、度假、亲子互动后的美好生活记忆。

"玩"是对生活的一种奖励

"玩"并非儿童的专属,玩乐始于个人意识,体会它的过程并实现自己所想,是一种宝贵的人生体验,是人类的一种天性和需要,亦是一种生活方式和态度。德国哲学家弗里德里希·席勒(Friedrich Schiller)提道:"玩是旺盛精力的释放过程。""只有当人在游戏时,他才是完整的人。"所以我们认为玩乐的本质是通过释放来获取更大的能量与精神补给,给人带来幸福感和满足感。玩既然是天性,就是人人都该具有的本能。

"玩"的本身是寻找意义的能量,在富有想象力的游戏中,我们甚至可以成就另一个自我,完全沉浸在此时此地,不再为我们是否好看、聪明或者愚蠢而担心,不再为繁琐的现实而冥思苦想。甚至,我们可以经历"心流"的状态,对一些意外发现和机会敞开心扉。

对充满好奇心的人来说,玩是一趟发现之旅,不是走马观花般地浏览,而是去深入地体会和感受一路上发现的文化、科学或精神世界,融入其中。玩拓宽了人们认识历史和文明的视角。中国人对于娱乐生活总是在追求艺术化,随着人们在玩乐中融入绘画、音乐、艺术、文学等内容,玩乐开始变成一种主流的社交和文化表达方式。从此"玩"在中国传统文化中的含义也得到了扩展,从单纯的娱乐游戏拓展为一种审美方式和文化方式。

我们渴望玩乐所带来的乐趣,它驱使着我们想办法让它继续下去。

对娱乐的需求已经成为一种生物驱动力,就像我们对食物、睡眠或性的渴望一样:睡眠不足会导致用额外的"反弹性"睡眠来弥补,玩乐不足会让情绪变得抑郁,无法感受到持续的快乐,一旦有机会,"反弹性"的玩耍行为也会出现。

实验室的研究结果表明,玩得足够多,大脑会工作得更好,我们会更乐观,更有创造力——与其说玩乐是一种能量补给,不如说"玩乐"本身就是一种奖励。这种奖励来自生理的驱动,更来自玩乐后的意义。

一切皆为乐园

主题乐园作为目的型体验式的娱乐场所,在满足人们寻求快乐的终极目标时,提供了积极的情绪和丰富的娱乐内容。主题乐园成为娱乐业态中的"头号玩家",受到了人们的青睐和市场的追捧,并形成强大的磁场,不断吸引人们的到来。

人们对于娱乐需求的不断变化,也促进了传统商业的迭代。传统的商场、酒店、餐厅、景区过去主要依赖自身的内容来吸引客群,消费者的感官体验仅仅局限于商业本身。在面对多元化和多样化体验的需求下,传统的业态开始逐渐脱离其传统的形态,开始走向与乐园的融合。"乐园+"的模式应运而生,酒店+乐园、商场+乐园、演艺+乐园、博物馆+乐园等,这些成为高度复合娱乐消费综合体,同时也催生了新消费和新娱乐下的"新物种"。乐园由于其强主题性、高娱乐性和沉浸式布景的特征，赋予了传统业态无与伦比的体验优势，成为商业的新"流量武器"。

在"一切皆乐园"的时代下，各种主题乐园遍地开花，从冰雪乐园、室内水乐园、主题公园、森林乐园、萌宠乐园、文化乐园到运动乐园等新娱乐，它们与不同商业的融合，成为新的娱乐消费的"目的地"，促进了区域经济的发展、激发了周边的活力并创造更多的就业机会。主题乐园同时作为城市公共休闲娱乐空间，不仅提升城市公共空间的文化能力，也塑造了市民和游客的生活方式。

成为故事的一部分

如何去打造一个成功的主题乐园，我们首先需要的是创造一个IP和围绕IP的系列内容与体验。一个一直困扰着我们的问题是，如何去塑造一个能被公众认知和喜欢的IP？1955年，迪士尼乐园开创了以迪士尼IP为核心的沉浸式主题体验，随后"沉浸式"成为娱乐体验的核心。沉浸式体验的目的是让体验者通过感知产生共鸣，这个共鸣来自受众和IP之间的连接。而IP包含的世界观、价值观有其独有的生命力。它本身的生命力决定了这个IP与之产生共鸣的粉丝群体的类型与规模，乃至粉丝群里存在的影响力和生命周期。

将"沉浸式故事"作为底层逻辑，并不断融入艺术基因，正是娱乐目的地不断吸引人们到来的原因。以宫崎骏电影为主题的吉卜力主题公园，凭借"宫崎骏"电影故事，在没开业前就吸引了大量在虚拟的电影世界里获得感动与慰藉的人们。2022年第一期开业，影迷们称：简直进入了梦想中的童话世界。动画里的一景一物被精心藏在吉卜力公园的各个角落，就像圣诞袜子里的小礼物，等待沉浸在其世界中的人们去发现，然后会心一笑。

从迪士尼到环球影城，从吉卜力公园到安徒生童话乐园，人们渴望走进故事的场景中，成为故事的一部分，成为艺术与美的体感者与传播者。从空间、场景、内容、活动，甚至是小到灯具、座椅、标识、垃圾桶等细节，它们是故事的载体，也是艺术的呈现，传播着美的意义，成为被看见、被共鸣、被传播的内容。

庆幸的是，今天人们对于主题乐园的需求，不再拘泥于传统的超级IP，一个有着地方文化和地方特征的内容和故事，同样会触发人们的兴趣，人们为之愉悦的是，通过游戏和多样的互动模式，可以体验到其背后丰富的文化和地方的元素，激发他们对于地方的兴趣，从而加深对一个地方文化的认同。而当地方的内容和风貌通过本土元素和现场潮流结合时，再次创造了新的文化，这就促进地方文化的提升，同时也塑造着一种新的生活方式。

2023年，与戏剧有关的一个事件：越剧《新龙门客栈》在小百花杭州蝴蝶剧场的小剧场上演，在半年不到的时间内，吸引了近千万人次观看，"一票难求"成为常态。看戏，这个听起来有点老派的活动，今天成了一种年轻人的生活方式。《新龙门客栈》的出圈,是"环境式剧场"驻演模式对越剧这一传统戏曲的创新,突破了传统镜框式舞台的表演逻辑和叙事风格。节目的成功,让传统戏剧再次以新的方式进入大众的视野,传统文化的魅力也通过"沉浸式"的体验,成为文化的IP,受到当代家庭和年轻群体的喜爱。

娱乐何为

"是否增加了孩子的知识和见闻"曾是家庭评价出游活动优劣的首要标准。从尼尔·波兹曼的《娱乐至死》到韩炳哲的《娱乐何为》,引起了我们对于娱乐意义的思考。在泛娱乐时期,人们从精神世界的充盈转向感官欲望的刺激、从延时满足转向即时满足,这些短暂的快乐在填满我们"无聊"的时候,却让我们失去深层次和多维度的快乐,从而走向精神的枯萎。那么,娱乐的真意是什么?

生活的愉悦,在于可以真正享受生活中的美好事物。纯美的自然、真实的故事、温暖的关系、生活的艺术,让我们在丰盛的互动体验中,获得精神上的高级享受。当我们在山中、风中感受四季更替,在风俗节庆中感受独特的地方文化,在深海潜水、飞上天空、扬帆起航中获得勇敢的力量,在传统文化中获得内心的滋养,当娱乐开始具备了美之上的浪漫,娱乐便开始了更高一级的能量补给。

浪漫主义从本质上来说是对日常生活的超越。一个地方能够吸引人们的到来,正是在于他们独一无二的地方文化。如同京都上千年的古建筑和传统美食,巴黎的埃菲尔铁塔和塞纳河浪漫夜景……不同的地方风俗和文化历史,形成了独特的个性魅力、地方文化符号与价值。

人们喜欢将旅行变成一次娱乐的冒险,以一种"闯入者"的身份探寻一个地方的"原真性",这个原真性可能来自传统的空间肌理、瑰丽的自然、文化的习俗,甚至是一家地方的小餐馆。当他人的日常成为你的非日常,它会变成一种冲动,你不仅想品尝当地的农产品,想感受当地的自然环境,还会更深入地探索其背后的文化。在芳香扑鼻的街边市场闲逛,或者在白雪皑皑的山间细细品味祖传的古老家庭食谱。

无论是建筑、场景还是文化体验,每一处细节都让人沉浸在充满历史韵味的氛围之中,更是真正触动了游客内心深处的那份感动。在这里,文化不仅是一种遗产,更是一份生活方式,将娱乐变成一次有意义的旅行,留下深刻的记忆和感悟。而这些,正是娱乐的精神。如同影视剧《去有风的地方》所说:风的本质呢,就是空气的流动,冷空气向热空气流动就形成了风,世间万物就有了生机,没有风那就是死水一潭。鸟都要去南方过冬,人在感到疲惫寒冷的时候啊,也需要向温暖的地方流动。

娱乐的精神,是去寻找幸福的力量、快乐的源泉,或者说是重新出发的力量。

案例

东海郊野公园
安吉精灵山谷
华润青岛达尔文营地
大理王宫沉浸式演艺空间

生活方式的丰富化,使得个人和家庭可以更加自由、更加弹性地支配闲暇的时间和金钱,而承载这些闲暇时光的空间载体,将成为引导娱乐、休闲、节庆行为的新指南。能够为一家人提供欢乐的场所,这不仅是华特·迪士尼的畅想,也是娱乐目的地的初心。一个地方能否成为娱乐目的地,秘诀到底是在于数量众多的大型游乐设施、优美的自然风景和便利的交通条件,还是在于所构建的理念、故事的叙事性和独一无二的沉浸式体验?

海岛的浪漫地理学

将岱山打造为海岛的家庭娱乐目的地的愿景，始于东海郊野公园项目的设计。

岱山位于东海一隅，为舟山群岛第二大岛，坐拥华东第一滩和波澜起伏的海景，这里有着丰富的海洋资源并有着关于蓬莱仙岛的神话故事。然而，岱山在舟山乃至江浙地区却是被遗忘的一处地方。有个玩笑说，"知道岱山的只有一种人，要么你是这里的人，要么你有亲戚在岱山"。东海郊野公园项目位于岱山东部的海湾，这里是看海上日出的最佳地点，有着长长的沙滩和伸向大海的大片礁石，以及大片的田园、连绵的山川。我们希望通过郊野公园的项目为岱山目的地的打造种下一颗种子。我们从IP的开发开始，希望以人们喜欢的故事和娱乐方式去创造一个关于岱山的IP，从而激活全域旅游，并带动周边经济的发展。

如何去创造一个属于岱山的IP？

明末清初的画家聂璜绘制了一本奇幻异物志《海错图》，这是人们对于海洋的向往，也是关于海洋地理学的浪漫想象。于是，我们决定将关于这片海岛的故事和神话转化为这座城市的文化IP——我们希望在东海郊野公园里植入这个IP，如同地方版的迪士尼，让人们得以欢乐，在欢乐中传播关于这片土地和海域的故事，东海文化探索乐园概念由此而生。

①明末清初画家聂璜绘制的奇幻异物志——《海错图》，记录了种类繁多的海洋生物，它们是现实与想象的产物，妙趣横生、光怪陆离的记载令人兴致盎然。我们以《海错图》为灵感，构建了东海文化探索乐园的故事

　　渔村、海洋、龙王和各种海洋守护神，曾经是人们对于这片土地的信仰。我们围绕着这些美好的内容和故事，开始进行二次艺术化创作，幻化出独属于岱山的奇妙生灵，并构建了一个独属于岱山的主题乐园。我们创造了一个童话般的故事，礁石镇、海螺村、东海之歌、章鱼守护、卧龙谷和宝藏湾，成为故事里的场景和内容，而为此开发的游乐器械，则成为可触、可感和可玩的游戏内容。经过一年多的建设，2022年，乐园在疫情期间开放了，在五一黄金周期间，前来体验这所乐园的就有超过5万人次，大家兴奋地排队等候，希望可以在第一时间进行参观和参与游戏。

　　如果说东海文化探索乐园是岱山郊野公园的一颗种子，那么整个岱山郊野公园就是海岛花园目的地的种子，围绕海滩、沙滩、田园、村落，以生长的方式为岱山打造属于自己的IP。

东海郊野公园涵盖了北峰山、沙滩、海岸和大片的农田，区域范围达到近8平方公里。在打造主题乐园的同时，我们一并构建着"海上田园""海上湿地"和"山海阳台观景台"的计划，希望这里能成为岱山县乃至舟山地区的周末度假目的地。

海上田园的计划，我们以24节气为内容，以大地的时钟为概念，在广袤的田园中画下大地的景观，同时不同节气下的种植与生产则成为核心的体验内容，农市课堂、花卉世界、丰收集市、湿地露营等则提供了别具一格的海上田园体验。

郊野公园里的北峰山与石鹅山相连，这两座山体拥有岱山岛望向东海最独特的视野，这里山脚错落蜿蜒的礁石海岸线是山与海在日复一日的对话中形成的独特"乐章"，随着上山路径的环通，"山海阳台观景台"计划应运而生。如同世界上许多著名的观景台一样，观景台是人们体验当地最为壮丽的自然景观和人文景观的地方，我们在不同时间、不同气候下的不断观察，为这里寻找到最美的观海、听海浪拍击礁石声音的地方，看星空闪耀的地方和最佳的独处的地方。

未来，东海郊野公园二期将与海岬公园连通，开启更大的海上田园视野，打通岱山的全域旅游策略，也为海岛花园目的地的打造，交上一份不一样的答卷。

——东海郊野公园

②

③

②东海的大黄鱼化身为一艘船，成为孩子们的乐园

③乐园里的自然博物墙，以互动的方式了解海洋的生物知识

④小朋友在仿生器材上快乐地玩耍

④

水豚君和它的朋友们

　　萌宠经济下，萌宠本身成为IP，吸引了众多的家庭，萌宠乐园也因此成为很多文旅项目的主题和娱乐内容。"精灵山谷"是我们为港中旅在安吉一处以萌宠乐园为主题的亲子目的地而策划的品牌案名。我们希望从品牌建设开始，打造一个有着自身IP的萌宠主题乐园。我们从品牌故事入手，去构建一个以萌宠为主角的世界。我们希望给到达这里的人们提供沉浸式的体验，用好奇心和爱心来观察它们的生活、探索它们的故事，一起度过它们的共同节日。

　　一直以来，来自南美的水豚因为"与世无争"的形象受到孩子们和大人的喜爱。而将水豚捧红的国家则是日本。日本动物园最早在1960年代开始引进水豚，为了让水豚可以更好地过冬，静冈县的伊豆仙人掌公园则在1982年率先发明了水豚泡温泉的做法，水豚的知名度因此显著提升。而2005年出现的日本卡通人物"水豚君"，使得水豚的亲和力形象深植在民众心中。

　　这是我们和开发者决定以水豚作为萌宠乐园主角的原因，而拟人化的水豚君自然而然地也成为核心IP的形象。我们的设计开始围绕"水豚君"去创造形象，同时构建起了关于它和它的朋友圈的故事，以及它们的世界。

　　故事描述的是，爱泡温泉的水豚君是一位旅行家，在一次长途的旅行中，水豚君发现了这样一片土地，一处被山谷、竹林与大片农田

水豚君一家 来自南美的旅行家族 爱美食 喜欢交朋友 ①

①以来自南美的水豚君作为精灵山谷的主角，构建了一个关于它和它的朋友圈的世界

围绕的地方，于是被深深吸引，它决定在这里建设汤池酒店，作为自己的家园并招待来往的客人。热情的水豚君邀约了它的朋友们，建筑师土拨鼠、摄影师长颈鹿、指挥家孔雀、杂技爱好者羊驼以及这里的常客松鼠，共同来到这片土地，他们依据各自的喜好给自己建造不同的民宿酒店。作为民宿经营者的他们，共同设立了他们的节日——南瓜节。在每年丰收的季节里，他们和他们的客人聚集在南瓜城堡下共同狂欢。这是将Story—life作为设计的出发点，同时以萌宠作为主角，构建了一个不同的世界。而到达这里的游客，如同发现一处奇异的世界，开始他们的探索，同时不自觉地将自身融入于故事中，开启一场对话的旅行。

——安吉精灵山谷

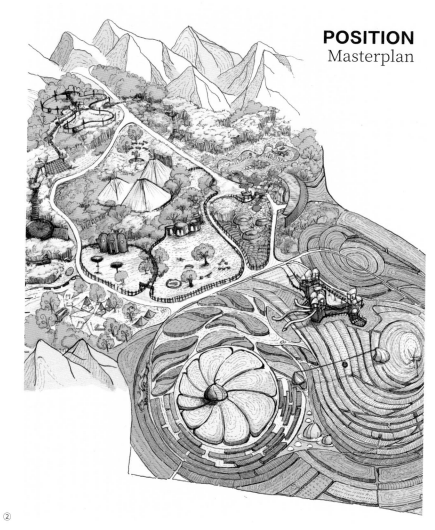

POSITION
Masterplan

②

③

② 精灵山谷游乐图,从神奇田园、水豚汤屋到精灵旅社,打造别具一格的娱乐体验

③ 乐园的入口处,人们可以近距离地观察萌宠的世界,享受和不同萌宠的趣味互动

④ 乐园的接待中心,是人们停留休憩的场所,提供咖啡、餐饮、购物和咨询服务

④

从Story—life到Story—living

2022年初，迪士尼宣布推出迪士尼故事生活（Story—living），迪士尼梦想家们与开发商和房屋建筑商合作，希望为人们提供一个可以住在童话故事里的新住宅社区。这是讲述了100年故事的迪士尼，开启的从"讲故事"到"走进故事"，再到"生活在故事里"的梦想。迪士尼以"好故事"作为他们的底层逻辑，不断寻找更大的"迪士尼世界"。

如果说迪士尼试着以它的IP开启住在故事里的社区生活，我们认为社区里的儿童游戏场所都可以成为孩子们发挥想象力和创造力的主题乐园，使得孩子们在游戏的过程中与故事建立深刻的情感连接，实现以故事的方式传播关于美、关于爱、关于自然、关于勇敢的价值体系，培养孩子们的专注力、审美力、想象力、共情力和好奇心。

作为品质地产商的央企，华润希望在未来的社区开发中，能将儿童的游戏场地结合自然科普的教育，成为家长与孩子们共同的自然乐园，"达尔文营地"应时而生。青岛华润崂山悦府"悦山松林集"是首个"达尔文营地"的实践项目。

我们创作的故事就以崂山的"小明星"——小松鼠松松为主线。一家外出远游，孩子们无意间闯入松鼠之家，看到了一张掉落的寻宝地图，于是开始了这场奇幻之旅。依据寻宝地图，发现松林间到处都是松鼠留下的生活痕迹：在松鼠杂货铺里，松果是"以物换物"的硬通货；这里的时令菜单和美食日记，记录着松鼠爱吃的坚果、浆果和蘑菇，它们知道哪种橡果最好吃、怎样储存坚果，也知道把鹅膏菌晾在树上以降低毒性；每年秋天，松鼠们都会化身小小指挥官，搜集食物，与朋友们一起为漫长的冬天做准备；松鼠们还是小小的建筑师、小小的工程师、小小的搬运工……在自己建造的树屋间穿梭，为松林集市筹备，在自己的小剧场演出……享受每一天的精彩生活。而藏着种子的宝藏森林中有挂全家福和旅行照片的树屋巢穴。

这就是华润以Story—living开启的社区新生活，颠覆了社区关于孩子们的娱乐与游戏的场景。在沉浸式的故事中，身临其境地感受空间场景，感受土壤的黏度、空气的湿度、阳光的温度，触摸故事里的生活用品、故事里流动的欢乐氛围和知识场景……

——华润青岛达尔文营地

①孩子们在乐园里追逐、奔跑。社区不只是孩子居住的地方，还是可无限玩耍、寓教于乐、被陪伴成长的地方

②

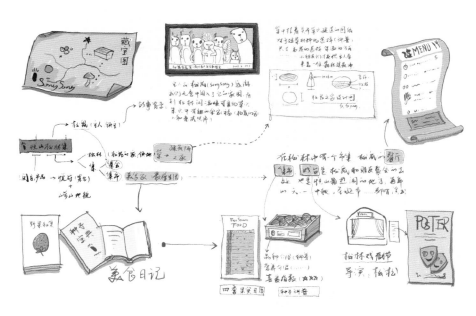

③

④

② 小松鼠松松的家，成为孩子们游戏的场所

③ 依据寻宝地图，开启人们的奇幻之旅

④ 乐园的户外导视

⑦

⑤坐凳上刻着的科普内容,让孩子触摸到无处不在的科普知识

⑥乐园里藏着"崂山短把红樱桃""黑地松松果"等近100种果实标本,成为名副其实的种子博物馆

⑦小朋友在用放大镜观察果实和种子标本

"一场戏"是文化娱乐的天花板

如果说一场戏能够促成一个地方成为"目的地",一个地方能透过一场戏讲述地方文化,那么"大唐不夜城"则成为人们来到西安,遇见盛唐气象的"目的地"。如果说大唐不夜城在为你营造一种想象,让那个已消失在时空深处的王朝,从诗句中走出,人声鼎沸、大气磅礴、流光溢彩,那么"大理王宫"则通过沉浸式数字演绎,让那个儒雅宏大、妙香佛国的大理古国重现。

我们的战略合作伙伴北京福克斯星月,是国内知名的数字艺术创作团队,曾经为中国国家博物馆设计制作国家一级数字藏品《乾隆南巡图》,也曾为无锡拈花湾、曲阜尼山圣境等文旅项目打造数字艺术作品。2019年,华侨城决定在大理营建"大理王宫"主题文旅景点,项目体验的核心内容便是数字沉浸式演出。

沉浸式演出的核心是创作文化IP,大理王宫的文化IP开发基于张胜温的《宋时大理国描工张胜温画梵像卷》,简称《画梵像》(下文皆以简称指代)。这幅画绘制于大理国段智兴统治期间,在此期间,段智兴不仅修葺了大理地区的十六座寺庙,而且还敕令描工张胜温绘制了《画梵像》。《画梵像》是大理国传世的唯一画卷。全卷设色贴金、绘制精美,绘制了大理国王利贞皇帝礼佛图,佛、菩萨、佛母、天王和护法等数百位佛教人物,多心和护国宝幢,以及十六国王图。七百多位人物形象栩栩如生,还有山水、树木、舟楫、庭院、池台、狮、象、鹿、马、龙、凤、犬等,是研究当时大理国所崇奉的密宗历史和文化艺术的珍贵资料。

福克斯星月基于现有历史资料，以艺术化的方式进行二次创作，同时以数字艺术手段打造沉浸式戏剧空间体验。整个沉浸式演艺体验在大理王宫的十三个殿堂和空间展开，32位演员与大量的数字装置、舞美设计及影像结合，呈现出真实与幻像的无缝融合。

　　大理王宫景区由于各种原因，至今未能开放。希望在不久的将来，这样的一场演艺可以在大理上演，助力大理成为世界级的旅游度假目的地。

——大理王宫沉浸式演艺空间

①"大理王宫"以数字科技手段和沉浸式演绎，真实再现了大理古国儒雅宏大的世界

shopping
as a
lifestyle

消费的场景、消费的体验远比商品本身重要，它们可以在原本的消费行为之外，创造出新型的城市社区的存在方式和广泛的社交方式。

"我的手机上有很多微信朋友和不同的微信群,每天我都能收到来自他们的消息,有外出旅行、有恋爱烦恼,有工作需求和协作任务,忙碌而热闹,但却没有一个因为我而来"。数字社会,让我们看上去有很多的社会关系,但这些关系在网上映射的只是一串单薄的数据节点和数据的交换。由此,大部分人变得孤独。

疫情带来的文化和观念冲击让人们开始重新审视"社交关系""线下空间"的重要性,人们开始关注身边真实的消费场景、线上与线下交融复合的社交状态,开始关注人与人之间真实的互动与连接。如何重新让社交变得丰满而有意义?面对面的社交是否真的能解决孤独?我们需要重构什么样的新关系?这些问题催生了大家对空间新公共性的热议。

空间的新公共性,指的是在原来高质量空间之上,加载社会属性的东西,让人们能够以平等、愉悦的姿态,享受驻足交流的乐趣。比如社交可以将消费空间转变为融合文化与精神的场所,当一个商业开始具备社群共建的内容,开始以商场之外的身份,与居民的日常生活密切相关;当一个咖啡厅有了很多大家共建、学习、分享使用的内容;当学校的连廊、阶梯成为学习的场景;当公园里的广场、草坪有着各种社群的服务与活动。这些空间开始生长出新公共性,把不同的人聚在一起,促进居民之间多元化交流,为重塑个体身份提供可能,进而催生了社交目的地的可能。

未来的购物中心,努力将自身融入所处城市的文化、空间的肌理、城市的公共活动时,便超出了一个简单的商业综合体的功能,实现了现代商业和城市文化的共舞与共振,吸引着本地和外地的消费者,成为一个开放、活力、在地、美好的城市公共空间。一处都市的风景开始诞生,这里每天上演着这座城市的真实生活和美好寄托。同样,在熟悉的街区中,菜市场、理发店等日常的消费空间,它们的功能不仅仅是买卖、消费,更重要的价值在于它们创造出公共的社群空间,培育出在地社群的关系。如果常逛菜市场,可能会发现有些菜贩也许已经陪伴我们很长时间,见证我们人生成长的各个阶段。他们也会和你聊生活中遇到的各种事情,跟整个社区形成紧密的关联。

打造空间的新公共性,在提供多样的活动和服务的同时,我们更需要关注空间的社会性。不管是定位为"更好的咖啡和更时尚的社交空间"的M.Stand咖啡,还是新一代人间烟火的鸿寿坊,还是成都公园里的商业Regular源野……从商业、产办,到更日常的生活空间,大家都在努力地创造一种新的公共性,让功能之外的内容成为一种新的媒介,从露营、健康、骑行、逛公园,一场演艺到一场展览,最大可能地满足每个个体在社会行为中的自由与平等,并形成集体在场的舒适体验或深刻记忆。

不难看出,一个有着良好的运营、多元的活动和丰富自然元素的地方,可以促进人和人之间的联结,同时也催生了更多元的行为模式,如各种有趣的活动和聚会,从而形成了在一定圈层之下集体意识的认同感,一种空间场所的精神。

一个安全、有趣和快乐的地方,是人们愿意以金钱作为交换的体验，也是消费的终极目的。消费的场景、消费的体验感远比消费的具象商品本身重要，它们甚至可以在原本的消费之外，创造出另一层消费。

社交从一张桌子开始

一张小小的桌子承载着中国人爱热闹天性之下朴素的社交观——具象化彼此交流的空间，拉近人与人之间的距离。围绕着桌子吃饭、喝茶、聊天，把酒言欢，棋牌麻将……桌子就是最小的社交场所。

村口的老槐树、水井旁及河埠头，是村民们讲故事、分享信息的场所，也是乡村的社交场所；欧洲的城市空间格局则围绕广场展开，人们在广场获得信息，高谈阔论，这是欧洲古老城镇的社交场所。如今，城市中遍布的咖啡馆，公园里的商业区域、露天剧场，以及运动馆等，构建起了社交的日常性空间。

今天的商业、产办等具有其他功能的公共空间，都开始将社交的社会属性叠加于原本功能之上，作为城市中的生活基础设施，促进空间活力，带动消费，助力地方经济。从根本上来说，人是一种社会动物。社交，是人们与生俱来的基因，也成为人们一切行为的目标和指向。

"当你不知道去哪儿的时候，可以去商场。"曼谷的社区商业品牌The Commons 的联合创始人之一Vicharee这样介绍他们的商场，也是怀着这样的愿景，他们开启了将社区商业打造成社交目的地的探索。尽管The Commons只是一个位于曼谷市中心的小型商业综合体，但却提供了一个可以让人一年四季享受其中的场所。建筑主体是一个纵向的露天公共场所，底层为景观，没有阳光和雨水的侵扰，创造了一个利于交往、活跃而舒适的开阔空间，人们可以安心地在这里进行各种活动。这里的餐饮区、休息区、小型舞台、野餐区、竞技场、儿童游乐区、办公空间、游泳池及大大小小的草坪、菜园等元素，构成了理想的社交目的地。来到这里的人们可以自然而然地结识彼此，在不同的工作坊、音乐会、公益组织间度过丰富而又有意义的日常。正如它的价值观和标语（Slogan）一样："首先是社交，然后才是商业"。我们便不难理解为何The Commons可以长期盘踞在全球最受欢迎的旅游目的地榜首。

购物转向新的消费关系

购物这种活动，是在进入现代之后才开始出现的消费现象。在传统社会中，人们日常当然也会购买商品，或者在过年时候会根据采购的清单来准备年货，但这种购买更多是根据实际需要的"采购"。今天的购物，虽然也包含生活必需品的采购，但更多时候指的是一种消费的现象，也就是购买可买可不买的东西，是现代社会中的一种休闲活动。

1798年，巴黎建造了第一条带顶篷的购物通道，名为开罗拱廊街（passage du caire）。瓦耳特·本雅明（Walter Benjamin）在《拱廊街计划》的提纲中借用巴黎导游图上的一段话来描述它:"拱廊是新近发明的工业化奢侈品,这些通道用玻璃做顶,用大理石铺地,穿越一片片房屋。而那些拥有产权的业主则联合投资经营它们。光线从上面投射下来,通道的两侧排列着高雅华丽的商店,拱廊如同是一座城市,甚至可以说是一个微型世界。"这里成为文人绅士和热爱生活的女性的聚集地,也开启了购物空间成为城市公共空间和公共生活的现代潮流。拱廊街也成为购物中心的前身。购物中心也成为大型封闭购物场所的代名词。一度,消费主义的美好尽情地流淌在购物中心里,人们拎着花花绿绿的购物袋——以征服者的姿态。这象征着一种拥有"美好生活"的满足。

今天,网络购物的兴起,让线下购物已经显得多余。随着物质的进一步丰盈,购物行为已经无法满足人们对美好生活的想象。

在购物中心举步维艰,甚至面临消亡之时,经营者提出将购物中心转化为"生活方式"的概念,努力将画廊、酒庄、餐饮业、溜冰场、乐园、健身房、公园等内容植入其中,以全新的环境吸引着消费者的到来,刺激人们在娱乐的同时产生购物的冲动。购物中心也因此从商品的集成走向基于"场景营造"为重点,以人的需求为基准,建设富有想象力的消费空间,保证购物中心不再依赖购物的单一功能,而是努力将自己融入城市的功能,成为娱乐、文化、学习活动广场等公共基础设施,成为一处可以真正蓬勃发展的新型消费社区。

日本7-11便利店的创始人铃木敏文曾说:"消费者购买的不是商品,而是一个事件"。这个事件,可能是帮助购物者解决某种问题,也可能是展示购物者的某种品位。这个时代下，购物不仅是一个事件，更可能是一种新鲜的体验与一段有意义的关系。所谓对消费者需求的感知能力，就成为如何与购物者保持某种关系的能力。在这种关系下，商品本身成为人们对于价值观和审美的认同，而消费场所则成为"社交"或"娱乐"需求的地方，甚至还可能成为一个帮助人们排解某种情绪的精神"出海口"。

今天，很多大型商场擅长将巨构空间化解为尺度适宜、拥有集体记忆的场域。樟宜机场便是成功的案例——不仅将一片完整的森林和瀑布搬入室内，更是将巨构空间化解为无数个尺度适宜和类别细分的场所。其中森林的部分是一个退台式的垂直花园，隐藏着各种休憩和步道空间，与主题迷宫、滑梯、放映室等场所一起，唤起无数人的集体记忆。

无论是将购物商场转化为山坡、公园与峡谷般体验的难波公园，还是将购物情境解构为逛街、里巷交流、城市运动的太古里，熟悉的场景能够唤起人类原始本能中的环境共情因素，人体生物学的舒适度得以满足，从而激发大脑多巴胺的回馈机制，人们可以更加轻松惬意交谈，形成更理想的社交场景。

从实体店到社群俱乐部

尽管实体店仍是购物体验的基石，但线上购物却在很大程度上破坏了来之不易的客户忠诚度，让实体店的未来充满了挑战。实体店在未来如何重建客户的忠诚度？除了去积极拥抱"线上"，让"线上"成为实体店的延伸，实体店更需要的是强化关系的体验，这种关系是来自剧场化的空间让人有沉浸感的愉悦，同时，经营者需将自己的角色转变为经营社区的主理人。

"主理人"的概念源于潮牌，是一批拥有独特时尚认知与审美的人，将自己所要传达的概念植入某一产品中，获得垂类消费者的青睐。主理人的核心是"自己的口味"，指向更风格化更个性化的审美和体验。

主理人本质上是将产品打造成自己的"人格外化"，且绝不轻易妥协。用户从产品上能感受到主理人的创意、理想和坚持。仔细观察，你会发现，苹果、戴森、成都COSMO、Yoyogi Village、安缦……这些有着鲜明主理人烙印的品牌，容易拥有大批的"精神股东"，一旦有人批评该品牌，该品牌的垂类消费者，立即像捍卫自己的名誉一样，据理力争。因此，成功的主理人能将消费者牢牢"圈住"。

在商业愈来愈"卷"的时代，消费者更愿意和真实的人打交道，而不是冰冷的商标、机构、平台，他们需要更大的情绪价值。而主理人懂产品、懂内容，愿意把自己的热爱分享出来，带来独特、非标的购物体验，正是当下商业所缺乏的。

未来的新零售不是简单的从"标准走向非标准，不只是以视觉为主的网红店的场景营造，而更多的需要从单一维度向更多的体验维度转变，包括情感、价值观、身份认同，关注人，以及人在场所里如何去创造新的连接"。"主理人+价值观+生活方式"的实体店模式，让商业体系可持续的同时，也回应了当下的社会诉求和城市的公共价值。

我们正在迎来主理人时代。年轻的"Y世代"和"Z世代"们逐渐成为接下来消费市场的主导者，丰富、独特、有审美、有观点，不仅是对产品或市场的要求，也是对能创造这些条件，符合市场调性的品牌主理人们提出的新标准。人是不可复制的，主理人鲜明的个性本身，就是独特的内容，也是能让人们能感知的。

Citywalk，一场年轻人掀起的城市烟火运动

每一代人，都有他的时代语境。在社会高速发展、社会分层逐渐显现的时代语境下，熟人社会的法则变成一种带有温度感的回忆。一个可以与大家一起社交的温暖场景显得弥足珍贵。

"熟悉是从时间里，多方面、经常的接触中，所发生的亲密的感觉。"以熟悉场景打造社交场域，在人与人的亲密互动中重拾温暖。在积极活跃的社交氛围和多巴胺的"正向反馈"中，与每一位运动同好者一起收获汗水和新生的愉悦感受。

疫情过后，更多的城市人想要"出逃""抽离"成为一种普遍需求。以

自然疗愈为主题的社交目的地成为新课题。在与自然的接触中,感受山川草木、花鸟鱼虫带来的安适从容,引发活力的香氛、绿意环绕的咖啡店、生机勃勃的展览……成为一种当代语境下的安慰与疗愈。

2023年,Citywalk成了年轻人最热衷的休闲方式之一。人们漫步在城市的街头,看看风景、逛逛商场、点一杯咖啡、品尝一些美食……通俗来说,Citywalk就是轧马路、逛街。走在独特的城市街道或路线上,用双脚探索,深入城市的腹地,贴近城市的呼吸,感受城市独特的气质——见文化、见风情、见自然、见生活。

有人说Citywalk就是消费触底,主打"0付费+知识+情调"。不管这项活动背后的真实动机和原因如何,Citywalk是人们开始用脚步去探索城市的方式。人们再次发现,城市里最值得读和玩味的部分,只有脚步才能到达。这项活动将促进人们漫步在城市的各个角落,你可以了解古色古香的城市历史,感受到热气腾腾的真实生活,还能在各种美食、创意小店、菜市场、裁缝店里流连忘返,城市的层次就在这里铺展开来……商店、转角、食物、坐凳、夜市摊、便利店、丰富的个体商贩及各色的行人,与不远的美术馆和博物馆,共同构成一幅幅连贯、生动、个性化的市井生活的画卷。

Citywalk催生了街道生活,让街道重回娱乐、社交和烟火气的场所。在街道中,各种关于自然的、生活的、商业的、活动的场景,皆聚合成为一场关于城市的展览,上演不停歇的剧目。

正如东京的表参道，人们说这是一条有着"Wa"精神的街道。

Walk：走在这条街上就能使自己幸福；

Watch：观察这条街道就能丰富自己的感性；

Wake：在这条街上唤醒内心深处的自我；

Way：在这条街上追求新的生活方式。

案例

金华万泰公园大道购物广场
良渚玉鸟花街
岱山美丽渔港

美好的消费场景是我们在家楼下能获得多少在城市里漫游的体验：是不是有丰富的步行动线、有趣的社交场所，可以逛的市集、可以欣赏的沿街面、可以玩的公共空间、可以共享的烟火气……从交易到关系，消费正在演变为以社交为目的的场所。无论是大型商场、产业办公还是开放空间，当我们开始以一种基于人、基于日常、基于真实生活的视角审视身边的日常，就会发现一个促成人们容易选择在这里见面、驻足、交流、对话、分享信息的地方，或许才是人们真正需要的。

首先是公园，然后才是商业

近年来，越来越多的城市开始探索公共空间的更多表现形式。公园被理解为一种空间形式，"公园式商业""公园式社区""公园式广场"开始让城市拥有新的生命力。在英文中有一个词叫做"Green Washing"，即在商业发展、地产及其他公共空间中，引入绿色自然空间，让空间具备公园的属性。越来越多的商场开始将亲近自然、具有松弛感的生活氛围引入，将人们热衷的露营、骑行、爬山、逛公园、玩飞盘融入，实现从Shopping Mall到Life Mall的进阶。

金华万泰公园大道购物广场，原本是婺城新区的市场，不知道什么原因，市场结顶后，就成了烂尾的状态。万泰置业在接手后，希望我们将这里改造为时尚的新零售综合体。我们给出的解决方案：公园。我们需要为这座城市和周边的居民创造一处峡谷雨林般的公园，回应公共价值的诉求，连接居民的日常，创造消费购物之外更多生活场景。

当废墟变成城市雨林，当雨林成为这个商业场所的精神和内容，溪流峡谷、森林探索、亲子乐园，让购物、亲子、社交、娱乐和休闲自然地发生。绿色开放的奇幻云谷、开阔的星云广场、全龄互动的侏罗纪乐园和神奇动物街，为这座城市的人们带来全新的体验，这里的人气逐渐旺盛。

2022年的十一黄金周，金华万泰公园大道购物广场二期奥特莱斯开业，三天游客流超40万人次，销售额超1500万元，Armani、Coach等众多国际大牌首店入驻。谁能想到，三年前，这里还是一片荒废之地：建筑老旧破败、空间单一沉闷，商业萧索、人烟稀少，是如同一片废墟般的空城。

形形色色的人群、丰富的活动、艺术展览和空间相互映衬，凝聚成了一个大尺度的、拥有充足自然光和绿色元素的城市公共空间，形成一种有吸引力的氛围和场域。不仅成为购物目的地，也成为人们约会、娱乐、社交和休闲的场所。

三年来，这座像城市公园一样的购物街，为金华这座城市诠释了一个"新零售"的新样本，也为无数在这里购物、休憩、娱乐的人们，提供了一个亲密的场所。从城市更新到"目的地"，正如2021普利兹克奖获得者安妮·拉卡顿说的：好的建筑应该是开放的——对生活开放，为提升人们的自由度而开放，让任何人都能够在其中做自己想做的事情。它并不是为了展现什么而强加于他人，而应当是熟悉、实用和美观的，能够静静地为在其中每天发生的日常生活提供支持。

——金华万泰公园大道购物广场

①大量的绿色植被和淙淙流水，让购物广场成为绿色的公园

②人们在溪流边戏水，激活空间的活力，丰富购物的场景

①

②

街道是家门口的社交与游乐场

家门口的空间是通往外界的第一道门户，能让居民参与到公共环境融合互动中来。作为日常基础设施，街道是城市文化形成的关键。良渚文化村内的玉鸟花街，以公众参与街道活动的方式，打造超级街道，使之成为充满活力的社交目的地。

在杭州万科光年府项目中，我先后策划了一场以"自然疗愈"为主题的生活展览和另一起"家楼下新生代的社交"为主题的"超级街道"计划。我们将这条超级街道命名为"玉鸟花街"。不同于在2023年开放的良渚的玉鸟集，在2023年的夏天成为Citywalk的热门线路之一，玉鸟集是"文艺范"与"市井范"共存的街道walk，它与"大谷仓"的单向空间、安藤忠雄的大屋顶共同填充了良渚文化村的生活方式版图。玉鸟集作为单纯的步行商业街，通过低矮的商业建筑和宜人的步行尺度空间，创造具有传统文化特征的购物与逛街日常。而玉鸟花街是希望通过对高密度社区城市边界的生活打造，改变街道单调乏味的步行场景和购物场景，让真实的社区生活重现，从而成为有着日常丰盈而又有活力的生活底盘。

玉鸟花街的核心片段刻画是基于光年府的城市社区市界面。规划初期，玉鸟花街通过建筑之于红线的退让和疏密节奏的控制，改变建筑沿街的整齐划一，从而形成不规则空间和系列的口袋花园；而底层的商业依据城市公共空间的界面进行大小不一的划分，区别于传统底商统一的标准尺度，形成X、L、M、S的商业空间，为未来多元化的商业招商提供了便利。我们为街角、口袋花园、线性步行空间、街头植入了关于社区生活的所有想象，通过下午茶花园、咖啡空间、社交广场、运动场、独处花园、老友记……让真实的日常和"闲逛着"共同构成街道的生活秀。我们希望玉鸟花街的开街，可以给今天中国大部分的社区开发提供"生活方式"的城市解法，也希望在这条街上你与那些可能认识的人，平时会碰到的人形成一种相互支持、关照的关系，他可能是街角酒吧的老板，也可能是咖啡馆里结交的新朋友，也可能是孩子幼儿园的老师，甚至是一起种菜的邻居……丰富多彩的街头生活让街坊邻里的关系进一步拉近。超级街道一直绵延至社区中的架空层，自然博物展、儿童活动场及儿童停车场进一步为人们提供家之外的交往与停留空间。

家门口这条承载着烟火气的街道，让人与人更贴近，也使得快节奏的城市生活更有温度。在有意义的社交关系中，无论是在新鲜场景刺激和收获鼓励之下产生的多巴胺，还是通过运动与锻炼分泌的内啡肽，还是在与陌生的环境与事物中激发的羟色胺，这些幸福因子，共同构成了社交目的地的美好生活的图谱，也构建了社会稳定的基石。

社交目的地在重新建立人们"附近"的同时，也建构出一种积极的社会关系——人与人之间、人与空间之间、人与社区和城市之间的重新连接。在这种持续的连接和关系不断建构的过程中，也引导人们去观察周围的空间、理解周围发生的生活和故事，在真实的社交中感受内心最真实的反馈。

——良渚玉鸟花街

①街角的咖啡店,暖暖的光映照着周围的环境,成为社区里的一个路标

②街角的广场空间,成为社区的多元生活剧场

③街道成为有趣的社交场所,可以逛的市集,可以欣赏的沿街店面,可以玩的公共空间,可以共享的烟火气……成为有着日常丰盈而又有活力的生活底盘

④定制的户外家具,成为人们驻足交流的场所

①

②

③

④

你的"附近"是我们的"远方"

充满魅力的社交目的地不仅为本地居民提供了"见面"的机会，对于外地游客来说，能看见并融入当地居民的生活，同样是一种有趣的体验。

还是以岱山海岛举例。前文提到，我们以东海郊野公园打造家庭目的地，为当地居民和周边城市的家庭提供了一个好去处。然而，对于岱山县来说，单一板块的繁盛还不足以带动整个城市的振兴和活力。

作为一个海岛城市，岱山的文旅产品布局，不可谓不丰富：涵盖风情村、博物馆、古镇、公园、古迹，等等。可当我们再细细分辨，可以看出其后劲不足：对于居民来说，博物馆、公园普遍存在陈旧、体验单一等问题；对于游客来说，文化风俗商业化严重，趣味性不足，绝大多数旅游资源仅仅以观光漫步为主。岱山急需一个既可以满足当地居民的购物、社交需求，又能为外地游客提供购买土特产、吃海鲜喝啤酒的"地方"。这便是岱山美丽渔港项目需要解决的难题。

美丽渔港的选址在江南山——岱山本岛外的一个小岛，像一个小小的太空中转站，连接着岱山本岛、牛轭山、官山和秀山岛。它同时保留着岱山新旧海猎时代的设施和生活场景，在出海季节，繁忙来往的渔船、热闹的海鲜交易场景都极具烟火气。我们在深入分析了岱山城市公共空间、文旅布局等问题，挖掘江南山的文化基因，了解渔民的生活和商贸诉求之后，在这10.8万平方米的滨海岛屿上，我们以沙滩为底，为岱山带来全新的社交体验。

在大航海乐园中，孩子们在海盗船中穿梭，寻找大海失落的宝藏。人们可以脱下鞋袜，光着脚在黄金沙滩上漫步，远眺海洋上漂浮交错的海岛。而漂浮泳池的出现满足了人民去海边"洗海澡"的愿望，趴在海水泳池的边缘就可以看到朋友们的沙滩排球打得正酣。对于暂时从城市中逃离、只想安静放空的旅人来说，在海上草原露营，捧着一杯热咖啡，安静地远眺大海，也是个不错的选择。夜幕降临，渔港集市变成了最繁华的所在，一家家店铺亮起灯，吆喝声、叫卖声、白天出海捕得的海鲜就在这里烹饪，在海风的清新和海鲜的鲜美中，口腹之欲得到最大的满足。二三好友觥筹交错之间，大海洗净了"生存"烦恼，重新填满了"活着"的轻盈。

风景中的人，此时也变成了风景。

——岱山美丽渔港

①

②

③

①美丽渔港的总体规划图

②海边露营

③道路和沙滩的边界成为观看风景的地方

FESTIVAL 节庆

celebrate your big day

节庆依托其无限的想象力和文化的味道，具有核聚变般的能量；在提升经济效益的同时，短时间内聚集人气，提升地方知名度。越来越多的地方正在利用活动来增强其作为"目的地"的吸引力，并创建旨在吸引更多游客的目的地品牌。

现代管理学之父彼得·德鲁克说过一个预言："未来的社会是'自由人的自由联合'，唯有共同的价值观、共同的爱好、共同的节日才把不同的人连接起来。"因而，节日和庆典扮演着重要的角色，无论是戏剧节、音乐节、时装艺术节、海报设计节、艺术策展、沙滩露营节……每一个节日、每一场庆典背后，都是一场关于"发生故事，留下回忆"的体验。

节日是区别于日常生活的时间节点，包含着事件、地点和群众，具有象征性的意义。人们往往在节日举办活动，提供非凡的体验和仪式感的内容。古代节日是与农业、天文和气候周期一起有机产生的，当代节日是由许多目标、利益相关者和附加的价值观发起和指导的。活动组织者特别希望他们的节目能够影响观众并提供所需的体验，同时催生一个地方和城市的品牌。节日总是有一个主题、各种节目和风格，举办节日有助于形成一种特定的体验，这种体验在个人、社会、经济和文化层面都具有重要意义。庆祝活动同时体现了一种随着时间的推移而变化的智力、行为和情感体验，每种形式的节日（例如致力于音乐、艺术、历史文化遗产）都体现了不同的体验潜力。

今天，传统节日一方面面临式微，政府、社会力量等多元主体试图重构传统节日的内涵；另一方面，亚文化群体创立了包括"双十一""5·20"等新兴的节日，商业资本也在进一步推动以促进消费为目的的各种节庆——这些构建了我们节日的生态。众多节日在满足民众多层次的需求的同时，也逐渐消磨了节日的意义，进一步加速了节日和日常的脱离，节日似乎成为日常生活的一种弥补。

然而，与"目的地"相关的新兴节庆却正在升温——到青岛去过啤酒节，到哈尔滨去过冰雪节，到潍坊去过风筝节，到淄博去撸串，到乌镇去过戏剧节。《VISTA看天下》在2023年6月刊登的一篇文章《憋疯了的南方土豪，今年赛龙舟像水上劳斯莱斯在决斗》，让广州端午的"赛龙舟"节日再次火出了圈，广州成为端午期间旅行目的地。端午龙舟是一项古老的运动，既是古代祭祀祈祷的民俗活动，也是当代的休闲活动，乃至成为国际体育项目。我们要知道的是，在历史的河流中，端午、龙舟、竞渡是三个不同时期的风俗和概念。今天看来，这三者的融合竟然是最自然不过的了。

节日与庆典

　　每年，澳门除了有三大文艺盛事——澳门国际音乐节、澳门艺术节、澳门城市艺穗节，还有各种城市节庆活动。如除夕倒数晚会、新春系列活动、中葡文化艺术节、澳门美食节、国际幻彩大巡游和澳门格兰披治大赛车，等等。仅在疫情期间的2021年，澳门就举办了多达40余场各类节庆和赛事活动。可以说，澳门是名副其实的节日盛事之城。

　　作为国际化的城市，自古以来澳门就是东西文化交流的重要枢纽。中西文明的交汇与融合造就了澳门在中华文化的基础上不断孕育出新的文化元素和艺术形式，形成了独特的文化景观。习总书记在2023年北京文化传承发展座谈会上指出，中华优秀文化传统具有五个突出的特征：连续性、创新性、统一性、包容性和和平性。这五个突出特征是对中华文明的精准画像，也是澳门文化之所以不断生长和繁荣的根本原因。今天，我们的所有城市既有着统一的传统文明，也有着各自独特的地方文化。如何创新地继承与发展，澳门给了我们榜样。

澳门从传统文化出发，拉动政府各部门、社团组织乃至商界，共同举办从体育、文化、科技到商业的各种系列活动。比如由体育局主办的国际龙舟赛，它们起源于传统节日，但现在已发展成为该地区的体育赛事。该活动将体育、文化和社区庆祝活动融为一体，形成"一场盛大的嘉年华"，不仅繁荣了澳门的社区文化，众多商家在这期间会推出各种活动包括商户折扣、抽奖挂钩等，又进一步吸引了来自各地的年轻群体。澳门的经验告诉我们，单一活动不能保证成功，城市和地区如果希望变得"丰富多彩"，吸引大量游客并产生经济、社会和文化影响，就需要从整体和战略角度思考其活动发展。正如澳门和其他地方的例子所表明的那样，这需要一种统筹化和创新的方法，将来自公共和私营部门以及不同经济领域的利益相关者聚集在一起。产生这些影响还需要时间，因为活动产生的效益需要在持续几年后，才能变得明显。

同时，除了文化和社会副产品之外，节庆活动还可以充当社会和经济活动不同领域的中心。围绕节庆主题的基础设施建设和旅游配套建设，将促进从节庆到旅游目的地的转变。同时，节庆传播的作用在共享知识的全球网络中尤为重要。人们聚集在一起参加重大节日和活动，有助于让城市名声大噪。因此，活动被用来支持各种政策目标，例如，体育赛事可能有助于引起媒体报道并刺激当地居民参加体育运动。文化活动可能有助于支持文化设施建设并在主办地区产生更大的社会凝聚力。商业或旅游活动可以帮助支持特定行业、交流知识和技能并应对季节性因素。新兴经济体也越来越多地利用活动举办的这些好处，包括创造就业、增加收入、打造目的地形象、减少季节性影响、带动游客流量和创造社会凝聚力。

从节庆到"节日之城"

节日及其活动计划对城市的旅游战略、发展目标来说，已经不仅仅是刺激旅游业或经济增长的手段，甚至已成为许多城市、地区和国家旅游发展和营销政策的核心要素。

越来越多的地方将自己定位为"节庆之城"，通过积极地"造节"，促进游客和地方本身建立联系，建立情感。与此同时，事件具有重要的社会、文化和环境影响，不仅可以促进居民在文化、艺术或体育方面的生活，并提高当地的自豪感和自尊心；节庆，作为一种欢乐的"体验经济"，有助于将注意力（包括来自传统媒体和社交媒体的注意力）集中在特定地点、特定领域和特定时间段。这不仅有助于吸引游客，还有助于说服政策制定者和利益相关者，相信投资或发展举措的必要性。透过节庆本身，促进地方与居民、地方与游客之间发生紧密的连接，让地方成为一种社交的体验，同时不断创造出新的社交互动渠道，促进一个地方成为"目的地"。

鹿特丹，欧洲最具创造力的城市之一。这里到处充满了"非常规"的建筑，由此也诞生了OMA、MVRDV、WEST8等明星事务所。鹿特丹人往往以节日来庆祝他们的城市、建筑、文化、历史和生活，有着我们耳熟能详的节日，如鹿特丹国际电影节、鹿特丹夏季狂欢嘉年华、鹿特丹文化节；此外，还有各种刷新想象力的节日，如鹿特丹无限制节、鹿特丹屋顶日、鹿特丹建筑节等……似乎每一个月，鹿特丹都在庆祝节日和举办活动。

　　鹿特丹作为"节日城市"发展的起源可以追溯到很久以前。市中心在第二次世界大战中被毁后，各种活动成为实体重建计划的核心。由此开始，鹿特丹将节日经济作为推动城市发展的重要手段——让鹿特丹从一个渔村到重要港口城市，并成为荷兰的第二大城市。鹿特丹通过文化复兴、增强社会凝聚力和改善城市形象使其旅游业蓬勃发展。

　　为什么鹿特丹可以有着如此多的节日，同时，这些节日不仅受到本地市民的追捧，更是受到来自其他国家的人们的认可？秘密在于，所有节日的灵感来源于这座城市和它的市民，他们共同讲述着鹿特丹的故事，"深入城市，深入世界"是造节的宗旨，而提高生活质量、城市国际化以及提高节日回报是节日的目标。在这样的背景下，所有的节日不仅鼓励着鹿特丹人参与，也受到鹿特丹人发自内心的欢迎与喜欢。他们共同创造了独特的节日，反过来映射这座城市的主题，最终使鹿特丹成为一个具有明确特征、有吸引力的城市，并建立更强大的国际形象。

节庆塑造地方生活方式

濑户内海的艺术祭，是艺术介入乡村的地方营造，也是通过艺术对乡村的振兴。每年的艺术祭期间，上百万人次涌入海岛，岛上的人们得以新的视角重新认识世代居住的土地，并为它拥有如此的魅力感到自豪与自信。随着移居岛上的人越来越多，进一步建立起新老居民的社群，让濑户内海成为海岛的目的地。同样，越后妻有的大地艺术祭，催生了民众对于艺术的热爱和自然的敬畏，催生了一系列乡村的改造，从广场、道路、溪流，无不成为一件件的艺术品。地方营造既是促成民众对于文化、生活和传统的传承，又是一种现代方式下的重塑，更是对生活本质的热爱、理解和精神的主张，最终转化为在地的一种生活方式。

一个成功的节庆促进"目的地"的产生，同时促进在地生活方式与节庆的融合，实现节庆是在地生活方式的日常，在地生活方式的日常即节庆的乌托邦理想。今天的京都，是传统节日下的节庆目的地，是日本"物哀美"的审美意识下培养的民众日常的行为和生活方式的养成，对传统的热爱，对稍纵即逝美的感叹与珍惜，对匠心与传承的赞美。同样，在爱丁堡，节日不仅吸引了来自世界各地的游客，同时也让当地人为自己的城市和身份感到自豪。

爱丁堡艺术节涵盖了整个爱丁堡的各种不同活动文化范围，从表演艺术到音乐、电影和传统文化。这些节日不仅支持了大批艺术家和表演者，还提升了城市形象并强化了爱丁堡作为苏格兰首都的地位。在新冠疫情暴发期间，这些活动对广大利益相关者的重要性得到了加强，当时节日被迫转移到网上并寻找与观众互动的新方式。这些节日受到了民众的大力支持,包括企业和私人支持者的大量捐助。

节日和活动的文化效益远远超出了庆祝活动本身。活动和节日是大多数城市和地区文化生活的支柱,有助于支持文化机构和培养文化受众。在许多"目的地",节庆日历为地方提供了一些可以庆祝社区并重新确认其文化和身份的时刻。城市通过举办活动寻求的社会效益之一是增强社会凝聚力,让人们对社区和地方产生归属感。地方还可以从活动中获得形象效益,展现出具有吸引力的品牌形象。

共同的节日,共同的目的地

一个不可否认的事实是,以事件与活动为主导的文化旅游战略现在被如此频繁地采用,以至于它们的创造能力和独特性在不断减弱。文化活动和节日数量一方面在不断增加,同时,另一方面人们已不再产生兴趣。所谓的"被节庆化",是节庆成为一种标准化的旅游商品。

如何让节庆可以有着持续的生命力?鹿特丹和澳门的案例都给了我们启示:一个受欢迎的节庆活动,除了扎根于独特的城市文化,更是需要鼓励游客、商户、各类组织和当地居民的共同参与。当他们一起加入创造的节目单时,或成为节庆的一部分时,效益会更为实在,同时亦可以产生意想不到的效果。所以我们需要通过精心的策划,提供一个可以让人们发生体验的"创意空间"，当人们得以深入参与的时候，便与这个地方联系起来，建立难忘的情感。

从这个角度来看，消费者是节庆的共同创造者，他们通过在场的经验产生更多的自我认识。同时，这亦是一种仪式化的体验：在与他人的互动中感受到对当地文化价值的认同，构建起一种"短暂的亲密感"；而这种亲密感，随着时间的发酵，会产生高度的认同感。从这个意义上来说，当人们来到一个陌生的地方旅游或参加活动时，需要通过舞台般的布景，让所有人进入与行动，都成为其中的角色，而不仅仅是作为观众，这时，一场活动便被赋予了意义。

如何打造不同节庆的主题，并成为我们共同的节日和共同的目的地？我们按照人的需求欲望和意义分为，传统、舌尖、情欲、自然、民俗和艺术六大内容。下文试着阐述如何围绕这些内容去构建节庆的主题并形成节庆的IP。

从传统到文化节日

每一个传统节庆的背后，都有着独特的历史文化渊源和风俗习惯，这些历经千年仍经久不衰的内容，源源不断地释放着能量。从北京冬奥会上的24节气倒计时，到河南卫视立足于传统文化的"中国节日"系列节目频频出圈，诗歌典籍、民俗非遗、宇宙星辰、人间烟火……站在新时代的高度重新解构"传统文化"，以年轻人喜闻乐见的方式重新演绎，在满足当代人的情绪价值和审美需求之上，中国传统文化焕发出了新活力。如同建德严州古城以独具魅力的年俗文化、浓浓的年味儿和特色美食吸引寻找"传统中国年"的人们一样，立足于传统文化之上的节庆目的地，需要挖掘传统背后的力量，以创新的方式持续带给人们惊喜。

从舌尖到脚尖

中国人千百年来一直遵奉"民以食为天"的信念。正如著名考古学家张光直指出的："很少有别的文化像中国文化那样，以食物为取向，而且这种取向似乎与中国文化一样古老"。《舌尖上的中国》为何能风靡全球？因为它不仅讲述了美食生态，更透过美食这个窗口，让人们看到更多美食背后的故事，了解人与食物之间的关系。让食物与个体情感与记忆紧密相连，食物被赋予了温暖的人情味，人的情感变成了美食的延伸空间。也因此，带火了无数美食目的地。

美食与节庆，是不可分割的内容。在节日，适合与热闹的人群一起分享"直抵心灵"的食物，美食不仅是味道，还有可追溯的记忆。如同贵州东南部苗族人民，会在稻花盛开的时候奔赴一年中最美味的团聚，一起吃一顿稻花鱼；如同象山海边的人们，在开渔节的时候，一起吃一顿最鲜美的海鲜。爱美食、爱热闹的人们，在美食与情感的牵引下，奔赴心中的"目的地"。

从情欲到情感

人有七情六欲。七情指喜、怒、忧、思、悲、恐、惊；六欲，指眼、耳、鼻、舌、身、意。健康的情欲,我们称之为娱乐,而基于七情六欲的再创作与再演绎,我们称之为艺术,艺术的背后是情感与爱。如同布鲁塞尔Tomorrowland电音节一样,层层音浪锤击在胸口,伴随着节奏过滤掉生活的烦扰,只剩下肆无忌惮的尖叫声、口哨声和莫名其妙让人感动的焰火。无数电音狂热爱好者立下誓言,这是"有生之年一定要去一次"的电子音乐盛会。当节庆牵连起关于这个地方共同的视觉、触觉、嗅觉、听觉、意觉与记忆的时候,人们便与这个地方建立起情感与爱的连接。

从自然到山水奔赴

山水自然,对中国人而言,已经远超自然景观的范畴,它蕴含了生生不息的力量,能够承载超越日常世界的精神追求。鹰击长空,鱼翔浅底,万类霜天竞自由。人为什么天生迷恋与依赖自然的事物?

当漫山遍野的油菜花连成滇东北高原上的一大盛景,当飘飘洒洒的白雪将北方雕琢成冰雪王国,当浪漫的樱花将冲绳岛装扮成粉色的世界⋯⋯大自然将摄人心魄的美景分配给不同的地方,于是就有了以油菜花节、冰雪节、樱花节等为主题来吸引人们邂逅地方独有的故事。以自然的名义,奔赴热气腾腾的生活。

从民俗到民艺

民俗是一个地方所创造、传承的风俗生活习惯,也是一个地方最靓丽的风景。如同刘三姐的对歌唱遍春江水,云南的火把节照亮少男少女欢快的歌舞,傣族的泼水节将欢乐洒向每一个角度一样,如何将民俗变成一种让各地人们可以体验的内容?让独特的民俗成为游客一生中最难忘的经历?

在认真挖掘、研究民俗文化的基础上,需要让地域文化精华真正壮大并催生地方的活动内容,并让原住民真正得到助益。民俗也可以与现代艺术相融合。在千岛湖光影艺术节,我们将民俗文化与光影艺术融合,以蛋雕为原型,装置表皮上镂空雕刻着云纹和水纹样式,展现着九姓民俗的生活,如舞虾灯、打麻糍、木盆新娘……在旋转的灯光中,我们与观展的人一起,走进闪烁着九姓渔民波光粼粼的水上生活。

从艺术到观念

如果说科学改变了世界,那么艺术则是美化了我们的世界。艺术改变的不仅仅是我们的视角,更是我们看待世界的态度。从早期原住民留在岩壁上的符号式装饰画到文艺复兴时期史诗般辉煌的艺术创造,再到今日世界多元、个性化的艺术语言表达,人类对艺术的求索欲望与生俱来、生生不息。

无论是爱丁堡国际艺术节以"润物细无声"的方式融合城市的人、建筑、文化,以艺术铸就这座城市的"城市之魂",还是火人节(Burning Man Festival)吸引数以万计的人群共度艺术的狂欢,如何与志趣相投的人群一起,共度艺术化的生活体验,并为当地带来艺术与经济的助力,是我们面临的共同课题。

策划一场属于你的节日

今天，策展以及策展的能力，早已非博物馆或美术馆的策展人专有，它犹如一种语言，成为与社会对话的沟通媒介，是任何人必须具备的沟通能力。当一个节日或一场活动以策展思维进行包装时，如同经过精心编辑的媒体，会引来意想不到的效果，从而成为公民社会喜闻乐见的节日主题。2023年米兰设计周，以"Do you speak design?"为主题，用提问的方式邀请每个人成为"策展人"。策展思维从艺术、设计，进入日常生活。从策展型商业的流行，到今天散落在城市空间各个角落，大大小小、稀奇古怪的展览，让"看展"这个原本小众的爱好成为流行趋势，公共生活开始越来越多地和展览联系在一起，催生着艺术与生活边界的消解，日常的生活也成为一场展览和节日的盛宴。

策展思维和策展能力为什么如此重要？在体验经济的时代，美好的体验成为核心的竞争力，而策展思维是场景体验的底层逻辑和顶层的设计。策展思维可以帮助我们更好地感知世界，开拓更多看待事物的视角，也可以更好地创造有仪式感的体验和更丰富的内容，如同蛇形画廊的小汉斯（Hans Ulrich Obrist）所说，"让策展思维成为打开未知，看待未来的新方式"。

我们该如何以策展的思维开启一个节日和一场活动？策展思维，不同于传统的"布展"思维，是基于"问题"作为策展的起点，从而衍生出展览主题的一种思维方式。这种问题意识的产生是基于当下社会、经济、技术、文化等多维度的背景下，一个能够引起观众思考并进一步引发关注与讨论的主题。比如开办于1980年代的爱丁堡国际图书节，这个节日的意义不仅在于推销图书，更是为了庆祝文化的传播与更新，鼓励存在不同观点和公开讨论，不论阶级、年龄、宗教、种族与性别，唤醒人性与公民彼此间的信任。另外，策展思维下的设计，需要突破单一保守的展示性语言和叙事框架，通过超出本身空间功能以外更多的复合形式来推动并塑造新的场景，形成沉浸式体验的升级。它站在用户和消费者的角度来讲品牌故事，帮助公众更好地了解一个活动背后的意义与价值，从而提升社会的认知和影响力。

节庆依托其无限的想象力和文化的味道，具有核聚变般的能量，在提升经济效益的同时，短时间内聚集人气并提升知名度。随着节庆产业的发展和对于经济、文化社会的强大辐射作用不断凸显，节庆催生一个"目的地"，唯有建立在如此的土壤之上，才能真正让节庆成为一个地方的意象、文化和符号。

案例

阿那亚"候鸟300"艺术节
南京光影万象展
千岛湖艺术双年展

"每个人都有自己的节日庆祝活动,他们创造了钟塔之类的东西"。随着节庆产业的发展和对于经济、文化社会的强大辐射作用不断凸显,节庆产业已经成为"目的地"经济发展的助推器。如何透过活动和内容构建节庆的品牌竞争力?每个成功的节庆,都需要一个有说服力的故事,以及与公共艺术的融合。在多元跨界文化融合的沉浸式体验中,人们得以在庆典的狂欢中,忘却现实的压力和烦恼,并产生持续的愉悦,重新唤起个体存在的价值。唯有如此,节庆才能成为代表一个地方的意象、文化和符号。

阿那亚"候鸟300"艺术节

如果时间能够回到2021年6月，在阿那亚"候鸟300"艺术节为期11天的艺术狂欢中，我们和无数的年轻人、戏剧人以及音乐、舞蹈、文学、建筑等艺术家一起，变身生活的魔法师，开启一场关于美好生活的小实验。

一种沸腾感，弥漫在整个阿那亚。各路文艺青年和拖家带口的游客会聚到这个海边社区。看戏、打卡、拍照、度假，各取所需，各有所感。新生的戏剧节和运营9年的阿那亚本身一样，已然是一道景观。

或许多年以后还是会想起那段最原始、最浪漫、最自由的生活，在那个乌托邦的世界，我们以天为幕、以心为笔，一起产生"浪漫的共情"，重新探讨艺术与生活的关系，雕琢内心最值得品味的回忆。

①戏剧节中,设计师在创作的作品SONG OF WONDER前留影

①

南京光影万象展

2018年，我们受到中国美术学院装置艺术系的邀请，与之共同策划了一场以"光"为主题的艺术盛会。我们希望艺术家们通过"光媒介"将艺术语言巧妙转化，植入到市民的公园景区中，进一步推动南京市文化产业的发展，实现艺术、文化和经济的融合。于是，我们向全世界100多位艺术家发出邀请，最终收到84件作品。从这些作品中，我们选择了其中的31件作品，在古都南京江宁区杨家圩公园上演。这是一场始于光而藏匿于光的展览，整个展场空间分为"光之梦""光之彩"和"光之诗"三个不同的主题区域。

这场通过政府、高校、第三方机构和艺术家共同完成的节庆活动，不仅影响市民的文化生活和文化消费习惯，更透过节庆本身，连接了人与人、人与城市、城市和历史的关系。场地中的作品，也成为城市中新的景点和内容，激活了原本失落的空间。

多年以后，我们还记得，在那个光织如画、绘影如梦的秦淮河畔，我们都化身为梦境中的造梦师，一起进入纯净又浪漫的梦境。

①来自31位艺术家的部分作品

①

千岛湖艺术双年展

2022年7月，中国美术学院在"天下第一秀水"的千岛湖，与淳安县政府共同举办了国内首个以光影媒介为主的艺术双年展。

展览是延续"光影万象"的艺术主张，运用"光影"媒介将国际化的艺术创意与地域性的文化资源有机结合，并融入公共水域空间的一次重要尝试。活动主办方希望通过艺术与地方文旅的新型融合，推动文旅产业的发展，实现美美与共的公共艺术价值。

这次，我们以艺术家的身份参与了这场节日盛会。"千舸围灯梦里湖"是我们创作的作品。三个旋转的灯光装置，将地方文化以光影的艺术，投射在水面上，实现了艺术、地方文化和环境的对话。

当千岛湖的水面被一件件艺术作品点亮，无数游客慕名而来，千岛湖成为扎根中国大地的新时代东方美学的典范，也是这次双年展的意义。

①我们的作品"千舸围灯梦里湖"，以光为媒介，展开一场艺术与地方文脉的对话

①

LEARNING 学习

knowledge everywhere

人工智能正在重塑学习环境。在以"学习者"为中心的时代，学习不是一种目的，而是一种兴趣、选择和权利。无处不在的学习环境为我们的日常生活提供了丰富的体验和机会。于是，终生学习成为今天最大的消费。

进入21世纪之后,不同学科之间的融会贯通开始加强,每一门学科不再是独善其身的存在,不同学科、不同场景相互碰撞与交融,产生了很多新的学科门类及新型的学习场所。而在教育不断扩张的时代,我们的学校从城市的核心区走向新兴的区域,然而,封闭的校门却隔绝着周围的世界,这是我们的象牙塔下教育的场景。如今,我们需要重新审视我们的现在,以及思考一所学校之于一座城市的意义。那么我们从学校的起源开始——

　　学校起源于一个人在一棵树下对几个人讲述他的领悟,讲的人不认为自己是老师,听他说话的人也不认为自己是学生。这些听他说话的人希望他们的儿女也能听听他这样的人讲话。于是他们搭建起空间,希望可以有着固定的学习场所,第一批学校因此诞生。也可以说,学校的存在意愿早在那个树下的人之前就有了,这就是为什么我们需要回到初始的起点去讨论学习,因为任何组织活动,其起始总是它最美好的时刻。

　　历经数千年的发展,从某种程度上而言学校已成为象牙塔的代名词,这与学校设立的初衷背道而驰。学校的初衷,是让人们可以在这里探索无限的可能和积极地融入社会。通过让他们学会全面的、符合时代要求的前沿与跨界的知识,培养其合作与创造的能力,让他们可以去改善自己的生活,进而用所学改善更多人的生活。在这样的反思之下,以校园象牙塔为核心的学习地点,正在被解构和分散到社会真实生产所需要的知识场景之中,人们开始反思如何在广义的知识场景获取知识的方式。

今天,城市的发展趋势已经超越了传统的边界和功能划分,而是向着多功能、互动和融合的方向发展。在这样的背景下,学校作为城市的一个重要组成部分,其发展也应该与城市的其他功能紧密结合,形成一个有机的整体。在很多欧洲地区,大学和城市间如同一对互相依存的伙伴,特别是在工业革命后新兴城市的发展中,被人称之为"学袍与城镇"(Gown and Town):学校和城市紧密地融为一体。这不仅仅是因为大学和城市地理上的紧密相邻,更重要的是,两者在文化、经济和社会发展上都有着深厚的联系。

很多大学学区也一样,不仅仅只有"大学"的功能,更是一座小型的"城市"。在布鲁塞尔大学区,大学不仅仅关注学术研究,更重视与城市其他功能的融合。这里不仅有教室和实验室,还有商店、餐厅、公园和住宅,他们为学生和市民提供了一个完整的生活与学习的体验。同时,大学也在不断加强与城市的交通连接,方便学生和市民出行,学生很容易就有"校门口的就业机会"。美国的波士顿享有"美国最佳大学城"的美誉,它不仅是世界上最好的大都市之一,同时保持了浓厚的小镇气息。这里高校林立,聚集了哈佛、麻省理工学院、波士顿大学、波士顿学院和东北大学等名校,它们教学互通,并深刻地影响着波士顿这座城市,让波士顿有着独特的学习、生活、创意、工作和文化的场景,成为一个集文化、政治、经济、高等教育、医疗与科技于一体的国际大都市和学习的目的地。

从象牙塔到广义的知识场景,是在天性、自然、美育和运动中建立有意义的正向关系,并发现自己的天赋及热情所在——正是学习的本质和秘诀所在。在知识大融合的时代,知识场景也发生了天翻地覆的变化。学习场景开始从传统学校封闭的教室空间无限向外延伸,森林、牧场、田野、商场……每一个都可以是接受、创造、转化知识的发生地。学习目的地的打造,旨在构建"没有预设的答案,没有围墙的学校,没有边界的教育",在感知、连接、解决、创造中,触发人们的禀赋;在碰撞、融合、生长中,构建出新的学习场景和学习景观。同时,结合互联网信息技术的发展,学习本身的行为被赋予了更丰富的时代含义,它驱动着人们因为学习而在不同地点跨界和迁移,代表了未来知识社会的生活方式。

人工智能时代下的学习场景

知识在于学习,知识更在于交互,理想的学习场所一定也是充盈着好奇心、乐趣、启发、互动与社交氛围的场所。人工智能(AI)时代,学习进入一个全新的情境。学科之间的界限加速溶解,知识的具体载体样式再无区隔。人与人之间连接的广度和深度,决定了我们学习的热情和能力。学习在人际交往或游戏场景中更有效地发生。人和人的关系将变得更加丰富多元。教育学家戴维·索恩伯格(David Thornburg)说人类的学习方式从来没有变过,全部发生在场景之中。他在《学习场景的革命》一书中提到,原始人学习的四个场景——篝火、水源、洞穴、生活,对今天学习场景的构建仍有启发。

篝火，听故事的地方

夜幕降临，辛勤打猎的一天结束了。原始人回到部落，吃饱喝足点起火堆，大家围坐在篝火旁听老人家讲故事。部落的长者，他们拥有知识，拥有权威，他们讲述神话故事来解释世间万物为什么存在，他们讲自己如何制服猛兽，去哪儿找食物，等等。篝火，是听故事的地方，听知识权威者讲述。有用的故事教会人生存，有趣的故事让人们记住，然后口口相传，一代代传递。今天讲故事的这个场景，除了教室，还可以发生在俱乐部、森林、牧场、咖啡馆……

水源，对话发生最频繁的场所

人类生存离不开水，原始人生活中每天派一小队，去森林深处寻找水源。这群人肩负着重要使命，他们相互信任，一路上交流讨论，一路探索去完成使命。这个过程，是社交，是学习。水源对应到今天，就是同龄人在社交中相互学习的场所，比如，办公室的茶水间、复印机旁边、餐厅，学校的走廊过道、操场等。大家通过对话与社交来学习，你不知道别人会聊什么，但你可以肯定的是，大家通过对话碰撞，会产生很多新奇的想法。

洞穴，独自思考和内化的地方

洞穴是僻静的、不受打扰的所在，给人安静、隐秘和独处的空间。洞穴的场景是可以让我们把新获得的信息和已知的食物整合起来的时候,能有一个空间让自己心沉下来,认清自己内心的想法。图书馆的角落,在公园里安静的一个地方,咖啡馆里戴着耳机,家里的阳台等,提供了可以阅读、写作、研究和沉思的场所。

生活,学习与实践的地方

如果说篝火代表了从老师或专家那里获得知识,水源代表了同伴之间的相互交流和讨论,洞穴代表了独立学习和反思,那生活则意味着你要把学习的成果带到实践中去,检验自身的能力,得到持续和真实的反馈,才能真正了解自己的学习效果和实践能力。

在"文化线路"上探索知与行

学习也不再是一件狭隘的事情,如同欧洲的"文化线路"(1987年,欧洲委员会提出"文化线路"一词,用于展示时间和空间范畴下的欧洲文化,并将以宗教为主题的"圣地亚哥朝圣之路"列为第一条文化线路,自此,欧洲文化线路数量持续增长,类型也越来越丰富),中国有茶马古道、丝绸之路和浙东唐诗之路。学习这件事还融合了历史、风土、人文、经济等因素,"更美好的学习提案"将消费组织变成有意义的社会形式,促进文旅的一体化,带动社会经济的发展。

读万卷书,行万里路。"知"与"行"原本就是人类认知世界的平行途径。如今，这两条途径得以进一步在研学目的地之中交织，学习的创新就在两者的边界之上。研学，顾名思义，研究和学习。它们在很长一段时间里被理解为某种局限在"大学"范畴的概念，似乎与社会日常生活相距甚远。然而研究与学习早已浸润在生活的方方面面，且由来已久。早在两千多年前，孔子招徒讲学，率弟子周游列国、传道授业，从困顿碰壁中体悟人生，开阔眼界，了解民风政情，开启了研学之路。

从战国时期纵横捭阖游说诸侯的文士开始，到唐宋时期"读万卷书，行万里路"的主流意识之下，郦道元、玄奘、李时珍、徐霞客们将广阔的世界化为丰富的体验感知。与此同时，欧洲国家的一些贵族子弟也将游学作为"成年礼"。如今，时代赋予了教育与文化更多可能，人们对教育与文化场景体验也有了更多的感知与要求。学习者成为中心，"知"和"行"之间的边界被打破，次序也会发生逆转。过去，我们是"因知而实行"，有多少知识储备，才能做多少事。未来，我们将"因行而求知"，在不同学科、不同场景相互碰撞与交融中，产生很多新的学科门类及新型的研学目的地。

欧洲文化线路是探索、了解欧洲的一种直观的方式——围绕某个主题，穿越若干区域或国家的线路，研究共同的历史、艺术、文化和社会特征。自1980年代以来，这些基于历史脉络、艺术形态、建筑形式、考古遗迹、乡村景观及传统手工的文化线路，将散落的村镇串联为一体。如果你计划去探索欧洲大陆，可以通过这些线路，对当地产生更为深刻的理解。圣地亚哥朝圣之路将沿途村镇连成网络，使卢戈这类古城受益匪浅；而欧洲工业遗产之路让欧洲城市对工业遗迹的保护与开发成为地方文化风格。"文化线路"将遗产保护与当地经济发展联系起来,为当地中小企业提供发展机会,同时也为远离大城市的地区带来旅游增长点,成为经济发展引擎。

随着长城、大运河、长征、黄河国家文化公园等建设方案和保护规划的出台,文化线路在我国也即将迈入发展快车道。从茶马古道到唐诗之路,从丝绸之路到长征之路,一路串联起风土、人文和历史,在"没有预设的答案,没有围墙的学校,没有边界的教育"中促进感知、连接、解决和创造。唐诗之路是继"丝绸之路""茶马古道"之后的又一条中华文化古道。1300多年前,李白、杜甫、白居易等400多位唐朝诗人,先后从钱塘江出发,经绍兴、镜湖、天姥,最后抵达天台山。一路载酒扬帆、击节高歌。这条汇聚天然名胜的自然遗产线路,融合了儒学、佛道、诗歌、书法、茶道、戏曲、陶艺、民俗、方言、神话传说等丰富的文化宝藏。

游戏与教育,一对分不开的共同体

游戏在古希腊首先被当作教育的方式:"请不要强迫孩子们学习,要用做游戏的方法,你可以在游戏中更好地了解到他们每个人的天性。"与其相对,中国传统六艺中的射礼投壶之"游于艺",本身也是一种游戏形式。

或许就如今天我们重新提游戏化学习与游戏教育一样,16—17世纪随着人文主义的兴起，儿童游戏在当时被看作是一个教育的核心话题。人的求知欲从哪里来?就是对一个并不了解的东西，在逐渐了解的过程中，激发内啡肽，获得快乐与成就感。学习，更多的是在松弛的关系中，在具体的情境中，激发求知欲。儿童具有非常强大的可塑性和创造性，而他们在成年以后，很难通过后天习得来获得灵活性、坚韧性和创造性等方面的突破。因此，我们需要在儿童成长期间构建一个探索、游戏和学习的地方。

今天的欧洲，不管是在小城镇或大城市，都有着数不清的博物馆，并且大多都是对公众免费开放。西方社会崇尚民主，希望孩子拥有高度的自由思考和表达能力。在这样氛围中成长起来的孩子习惯去质疑老师，并善于跟老师探讨问题。所以，在课堂上老师并不是主体，课堂的主体是学生，不同于我们灌输式的教育模式，学生需要更多的是自主探索，自己去发现。

毕加索曾说:"孩子是天生的艺术家。"孩子对于艺术，有着敏锐的直觉审美。英国是一个尤其注重艺术文化的国家，它们认为生命的意义在于体验不同生活方式而引发一系列的思索，所以在伦敦，有着许许多多的博物馆、艺术馆、历史公园和文化公园，涵盖了自然动物类、科技类、美术类、社会类的全维度。这些场所是他们开展亲子、游戏和学习的日常场所，因为最好的亲子陪伴状态是既能保证质量又能保证陪伴的时长。

近几年，中国很多的城市也在兴起建设各种博物馆、自然馆、科技馆等大型的公共文化空间。这些场所在很多时候也成为孩子们学习的第二课堂。然而,现实的问题是我们无法如欧洲的城市一样,有着如此高密度的文化学习场所,那么,如何基于我们现有的生态和文化公共基础设施,如绿道、公园、工业遗址等构建起众多的学习乐园,以便提供更多的家庭在亲子和娱乐时间中,学习到关于生态多样性,关于地方文化、地方地理的知识,激发起孩子们的兴趣,培养其好奇心和爱。

从象牙塔到广义的知识场景

研学是什么?研学是在真实的知识场景中,将课堂内所学运用到广阔的世界,同时现实环境与项目的复杂性反过来培育人们跨学科和整合性的综合实践能力。

如果说大好河山、生产劳动及日常生活是研学的体验场,那么特定的情景和事件中的主体体验与多元经验则是连接社会的锚点。以真实的、贴近生活和生命的事件,让人们在与团队及社会人士的互动中,获得真实的成长体验。在自然感知、户外运动、粮食种植、民俗风情的具体情境中观察、体验、求知和探索,感知生活的原貌,在亲身实践中回归"知行合一"。以活动为载体,以研学为目的的体验式学习,作为综合素质提升的重要途径正在被广泛关注。在被称为有着"世界上最好的教育"美誉的芬兰,学习场所更多发生在森林、牧场、野外、咖啡馆、养老院等开放式空间。在日本,修学旅行是日本校园文化的重要标签,也是日本人青春时光的共同回忆。在丹麦有一句话,孩子不会为了学习去玩耍,但是学习肯定会在玩耍中自然产生。

为何以研学活动为背景展开的回忆总是格外迷人?当我们走近研学,发现那些打动我们的点滴并不特殊,它们的力量在于蕴藏其中的价值。这些价值无关人们的身份、资源的多寡,也无关土地的性质,它们隐隐牵引我们走向一些更本质的思考:研学究竟是什么?研学因何而起,如何发生,又指向何处?研学目的地又会给地方带来什么样的改变?

每一个地方,都拥有独一无二的地方文化。每一个基于地方文化构建的研学目的地,都拥有旺盛的生命力。如同景德镇是研究学习陶瓷文化的"目的地",重庆是研究火锅文化的"目的地",地方文化是一个地区的特色宝藏,在特定地方人类活动与地理环境的长期作用下,显现出生产方式、风情民俗及自然环境相互作用的沉淀。研学在传承地方文化、培养人们的地方认同感与地方集体记忆的同时,也因为迷人和自我表达的场景,提供了经济成功的非经济基础,成为地方文化品牌。

舒适物理空间与美好生活需求的精准匹配,特定交往模式及有趣的文化场景,激发出"目的地"迷人的氛围,并发展出更加灵活多样的形式,这些一一构建了研学目的地经济成功的非经济基础。从象牙塔到广义的知识场景,在探索、邂逅、成长和参与这个世界的强烈需求之下,研学性作为"目的地"的重要属性,改变和升级了土地的定向吸引力,构建了人与土地的新关系。

案例

江南秘境非遗艺术馆
洱海科普乐园
三亚自然探索乐园
华润MAX+达尔文营地

"世界上有没有一所学校,能教人忘记所学的东西",这是来自《男孩,鼹鼠,狐狸和马》绘本里的一句话。儿童的教育需要以玩耍、探索为主,感受自然,尊重生命。家门口的游乐场、社区公园、博物馆才是孩子们最好的课堂,在户外能感受大自然带给世界的天然资源,阳光、雨水、四季的变化,各种生态环境的动植物,此刻你只要能接住孩子的各种"为什么",他的知识网络便开始形成。学习目的地,旨在构建"没有预设的答案,没有围墙的学校,没有边界的教育",在感知、连接、解决、创造中,触发人们的禀赋,在碰撞、融合、生长中,构建出新的学习场景和学习的景观。

非遗文化的艺术再现

　　第19届亚运会，诗画江南再次惊艳世界。从富春江到钱塘江一路奔涌的水域线路，则是了解认知江南文化的重要线索。从诗意江河到吴越文化的主要发源地之一，人们在这条流动的文化线路上重新认知江南文化。

　　富春历来有"八山半水"的说法。多水是因贯穿全境的富春江，一江如画的富春江及其"十溪"支流，构建起了浸润富春大地的水系；而绵亘西北的天目山余脉、蜿蜒东南的仙霞岭余脉则形成了富阳形态多样的山地风貌。凭借"独绝东南"的富春山水，吸引了众多文人墨客前来挥毫写下许多壮丽的诗篇。山与水的给养，江南人民的智慧创造，造就了天下独绝的现代版富春山居图。

　　民生与富春江及其水系的关联更是紧密。自南宋时期，建德就有"隔江三千家，一抹烟霭间"的繁华写照。除日常通行——当年郁达夫就是从家门口的南门乘船北上杭州，开启了他跌宕多姿的一生——富春江还是渔业、造纸、粮食、竹制品等传统手工业运输的唯一通道，由此衍生出了丰富的富春江文化。

　　江南秘境非遗艺术馆位于建德富春江畔，旨在为到达这里的游客叙述三江流域的生态，以及江上渔民的生产和生活传统。这次我们决定以公共艺术的方式来呈现，并和观众互动，在互动中了解这片土地和流域并产生共鸣。入口处的艺术装置灵感来自奔涌的富春江水，进入其中如同掉入幻境之中，倒影江面的云朵成为室内的空中艺术装置，在灯光投射下，室内地面成为水面，非遗文化和九姓渔民的婚俗传统、姓氏、水上生产活动、节日虾灯等以蛋雕的方式，在展厅中缓缓转动，并投射于四周，让旧时的生活图景在现代的技术工艺中复活。墙面上的声音装置流淌着关于九姓渔民波光粼粼的水上生活传统，而桌上的拓印通过孩子们动手在纸上、袋子上、衣服上拓上文化的符号，成为一种连接当地文化传统的奇妙体验。

——江南秘境非遗艺术馆

· LIFE-STYLE

捕鱼 Fishing　垂钓 Angling　舞虾灯 Dancing Lights　舞龙 Dragon Dance　打麻糍 Glutinous Rice Cake

· WATER WEDDING

迎亲 Wedding Party　木盆新娘 The Tub Bride　抛新娘 Behind The Bride　拜堂 Meeting The Bride　洞房 Bridal Chamber

· FISHERMEN WITH NINE SURNAMES

陈 CHEN　钱 QIAN　林 LIN　李 LI　袁 YUAN　孙 SUN　叶 YE　许 XU　何 HE

①

①严州虾灯、龙狮巡游、渔民婚俗……旧时的生活图景转换为生动的符号和内容

②灯光透过剪纸装置，投射在地面上，形成波光粼粼的水面，人们沉浸其中，恍若穿越了时空

②

③建德江南秘境·非遗艺术馆，位于富春江、新安江、兰江三江交汇之处，我们以一场光影艺术展将九姓民俗、当地剪纸技艺等建德非遗文化生动呈现

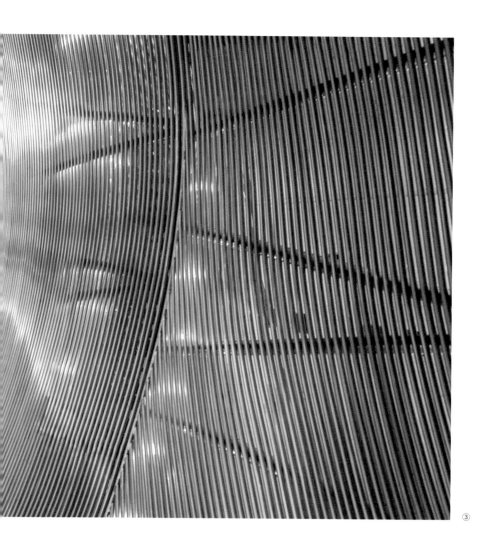

③

一个洱海边的"学校"

在大理，有一条人与湖的界限，一边是自然古朴的村庄，一边是碧波荡漾的洱海。洱海生态廊道，形成了洱海的"呼吸道"。过去，这里的旅游资源被过度开发，使洱海的生态环境亮起红灯。面对严峻的环境问题，相关部门以自然辅助修复、人工协助恢复等手段恢复湖滨岸线缓冲带，在生态保护初见成效的时候，大理州政府希望能在生态廊道的入口附近建设一处自然无动力探索乐园，以寓教于乐的方式向公众传递生态保护的主题。2021年，大理州政府找到我们，希望打造一个以上海华建集团提出的"苍山洱海水循环"为生态主题的科普乐园。

苍山，是云岭山脉南端的主峰，由十九座山峰由北向南组成，北起洱源邓川，南至下关天生桥。苍山十九峰，每两峰之间都有一条溪水奔泻而下，流入洱海，这就是著名的十八溪。在十八溪一路流淌的过程中，也形成了苍山的生态多样性，这是关于苍山和洱海的地理与生态故事。我们希望用科普乐园的方式呈现生态文明及当地气候特征，为人们提供亲近自然的场所，传递生态保护的意识，进一步升级洱海的生态价值。同时，也开启一场对城市儿童乐园的新的探索，为城市打造独有的生态互娱中心。

8 000平方米的乐园呈现"浓缩版"洱海生态水循环的故事，通过"水—云—苍山—十八溪—湖滨缓冲带—洱海"的游乐分布，创造了一个孩子们在戏水、奔跑、攀爬、游戏中探索和学习的场所，潜移默化中让人们感受与自然的互动，启发生态保护的意识。

项目建成后，我们获得了一致的赞美。这让我们坚信每一座城市，都可以拥有一座属于自己的科普乐园，将在地文化、生态物种、地理特征作为游戏与学习的内容，让孩子们探索大自然美好的同时，获得关于一个地方知识的学习。如同在美术馆、自然博物馆和科普馆一样，户外科普乐园可以成为这座城市文化、艺术与教育的基础设施。

——洱海科普乐园

①洱海自然科普乐园的模型，以游戏的方式让人们沉浸其中，了解关于洱海生态循环和生物多样性的知识

②

②洱海的生物化身为各种童趣的小构件、水闸和不同生物式样的跳泉,科普内容被融入互动游乐装置中,孩子们在玩耍的过程中感受生物的多样性

③"方螺"的装置,重新唤起人们对消失物种的怀念,激发生态保护的意识

④互动科普墙,让孩子们在玩耍中学习生物多样性的知识

三亚雨林里的"课堂"

三亚海棠河水系综合治理启动区位于三亚海棠湾地标性建筑亚特兰蒂斯酒店的对面，独特的地理位置让这片区域充满着想象。2023年，在洱海科普乐园获得成功后，华润置地作为项目的代建方，邀请我们在启动区里植入一座关于黎族文化的自然乐园。

我们的工作从黎族文化的寻找与演绎中开始。"船屋里，黎族阿婆席地而坐，正在织黎锦，将经线纬线交叉后，双手上下翻飞，编织的手法令人眼花缭乱。织黎锦、唱黎歌、跳起竹竿舞，醇美的山兰酒、喷香的黎家竹筒饭……"这是关于黎族的传统和故事。如何保护、传承以及发扬这些沉淀千年的民族文化，并与三亚本土的生态修复相融合？我们提取黎族古老又神秘的图腾文化，将其转译为可以亲近、探索的自然互动游玩的乐园，让更多人在寓教于乐中了解黎族的传统文化，构建起与黎族文化的情感连接并激发起民族文化的自信。

——三亚自然探索乐园

①在雨林的溪流中，探索自然的秘密

①

②

③

②孩子们在"黎锦乐园"中玩耍

③从传统的黎锦编织中提取元素,转化成空间的不同形态和丰富的攀爬设施,让民族文化和传统工艺以更亲近的姿态重获新生

④自然探索乐园让所有孩子都有机会在美丽的自然环境中探索和玩乐

达尔文营地

如果说洱海的科普乐园和三亚的探索乐园是我们将生态绿地转化为知识乐园的场景，那么，与广州长隆欢乐世界相邻的一个街角的城市公园，由我们打造的"榕树下的自然艺术馆"则是在城市公园中植入学习的场景，成为一处户外的自然艺术博物馆，这里同时也是华润置地"达尔文营地"的城市版本。

我们依托占地巨大的榕树，让它成为森林的剧场，同时这里也是室外的课堂。我们工作的重心分为两个部分：一是关于知识内容的创作；二是关于知识场景的艺术化营造。知识内容的创作上，我们以自然教育作为核心，从鸟类的科普、昆虫类的科普到基于长隆动物园的动物的科普，将这些科普知识转化为可以体验的艺术装置、可以触摸的符号、可以互动的教具……同时，来自长隆动物园里的动物们也将这里作为它们玩耍和栖息的场所。项目建成后，这里如同巨大的磁石，吸引着不同家庭和市民们的到来，成为一处娱乐和学习的场所。

项目的成功，给了我们一个有意义的启示：我们可以通过将教育和娱乐的内容植入到城市公园中，改变城市公园单一的休憩功能，成为娱乐和学习的目的地。

——华润MAX+达尔文营地

①榕树下的自然艺术馆，时常有来自长隆动物园里的动物们出没

②各种科普内容成为孩子们的互动教具，提供沉浸式的学习环境

②

③

③鸟巢上的风动装置"鸟"在风中拍打着翅膀,吸引孩子们的注意力

④木桩内藏着"大自然的秘密",我们将昆虫科普内容放入木桩内,鼓励小朋友们去了解大自然

⑤这些完全消融在自然之中的游戏区,为孩子们提供了一个沉浸式的自然游乐场所,自由地探索真实的自然

WORKING 工作

envolve
your
workplace

互联网消除了信息屏障的同时，人工智能、大数据等新技术、新材料，正将社会变成一个不可分割的、复杂协同的人类社会新系统，人们反而更需要紧密的协作。未来的办公场所如同一个超级的微城市，人们通过一个个社群聚落圈，实现"与工作的人一起生活，与生活的人一起工作"。

今天，我们发现工作与城市之间的联系发生了松动，这意味着，我们许多人工作所需的东西就是一张桌子和一个互联网链接，未来的办公室是否意味着可以在更多的地方，比如更亲近自然、社交场所、家或者乡村的地方。这是来自20世纪末，"无地点性"的观点：面对全球化浪潮和互联网时代，人们不必要待在特定的场所工作，且可以更加分散地居住，那么高密度集中式的办公及交流的方式是否会淡出视线？场所是否将不再重要？

然而，几十年过去，"地点"不仅没有淡出，反而以另一种方式发挥着更重要的作用，对地点的关注正迎来一波新的高潮。

城市研究学者乔尔·科特金(Joel Kotkin)曾说，技术变革可能只是对不同城市或城市不同区域的发展机会重新洗牌，而这轮洗牌仅仅与经济、技术本身相关。城市场景理论提出者丹尼尔·亚伦·西尔(Daniel Aaron Silver)发现，那些受互联网影响最大的个体，从过去被工作场所的束缚中解脱出来，有了更大的居住地选择权，他们能够更关心居住环境。一系列关于"生活方式"的讨论成为时下最热门的话题，这关系到能否提升生活品质，关系到城市能有多大的价值。

人们不再需要工作场所，而需要场景。场景成为更加重要的因素，它打造了一种人们工作和生活所向往的环境。各种各样的个性化设施和活动不同的排列组合创造出独特的场景，它们为城市生活带来了意义、体验和情感共鸣，也定义了工作的特质。

宜人的场景能带给人"归属感",即如果一个人感受到"工作场景是为我打造的,这里的一切都能够帮助我成为我想成为的人",那么,他也归属于这里。场景是一种再定义后的地点,在新的概念下,场所与工作相关的一系列要素重要性下降,而与家庭、舒适物设施等的联系则更加重要。基于此,场所本身,而非场所中的事物,成为一种新兴的生产力。

比起传统的格子间,符合大众品味和价值观的工作场景已经成为社交场中人们争先打卡的对象。在引人入胜的场景中工作,往往比其他地方的"同一份工作"要有意义得多。对于很多人来说,工作本身开始成为一个关乎于生活方式的选择——如何在心仪的场景中度过一天中的大部分时间而不是从早到晚辛苦地工作。

引人入胜的工作场景是一种新兴生产力

这些年,"ESG"在全球范围内受到关注和热议,它突破了最初的投资领域和企业范畴,成为在环境(Environment)、社会(Society)、治理(Governance)三大维度更为广义上的理念和实践导向。ESG本质上是对公司价值的一种长期主义视角,传统上看待公司投资价值,往往看收入利润的增速以及ROE(净资产收益率)。然而今天,当企业以社会意义为发展导向,以价值为增长逻辑的时候,ESG不仅成为好企业的评价标准,更是企业未来的核心竞争力。ESG之中,"E"从仅关注环境到还关注环境对情绪的影响;"S"从仅关注社会到还关注社会与个体身体及精神的关联；"G"则是从公司治理发展到人与人、人与环境、人与城市的相互关系。

从相对单一的技术维度和问题扩展到关于环境、社会和治理的叙述，一个高质量的工作环境不仅包含对节能减排的充分贯彻——通透的玻璃天窗增强了空间的开放感和宽敞感，让自然光充分洒入中庭；利用开放性和流动性来增加室内环境的含氧量，再通过绿色生态环境的营造让办公场所变为一个生存在都市中的"氧气呼吸机"——还包含对人们身心的关照，充满活力和创意的设计满足员工的不同办公需求，各种休闲文化设施为人们提供休息、放松和社交的机会。

谷歌（Google）公司多次荣登《福布斯》最受欢迎雇主排行榜，不仅因其令人向往的场景——在"热带雨林"中写代码，在"鸡蛋壳里"打电话，在"铁路驾驶室"中商量大事，在"007办公室"开会和品尝红酒；还能选择"逃跑"，在"浴缸"里休息，在文艺酒吧里听音乐会——更在于它所代表的社会影响力：工作场所成为城市中的地标，成为新兴创意生产力的代表。这种开放、绿色、惬意的气质，深刻影响着人与人、人与环境、人与城市的关系，城市因为工作目的地而更具影响力。

"自治""自由""自洽"的工作场景

工作占去一个人一生中最有活力、最具创造性的大部分美好时光。

在以高学历、智力型员工为主体的服务式创新产业环境中，让优秀的个体在工作场景中实现"自治，自由、自治"，是工作场所促进创新创意得以产生的重要因素。硅谷科技公司对全天候工作（all-hours work）的狂热为全球企业树立了一个"典范"——有意地挪用了斯坦福等大学的校园生活方式："对自发性的强调，对娱乐性的压倒性关注，对自由氛围的营造。这一切都在消解着人们由来已久的对工作场所的固有印象，并成为企业文化传达给员工，让员工相信自己是在从事一项自由、自主又有创造性的工作。长久地工作不是为了他人，而是为了自己。"

在实用主义的精神下，我们往往关注的是空间产生效益的部分，这就是所谓空间"实的部分"。空间的连接与附属部分，如花园、台阶、走廊、露台、转角、空间边缘种植空间等，在很大程度上我们认为这些是无意义的，所以往往不作为营造的重心。我们将这部分空间称为"虚空间"，很多时候，恰恰是"虚空间"构建了一个场所的魅力。

一个有着让阳光进来的文化走廊，有着剧场台地的台阶，有着艺术化表达的转角，和一个有着四季变换的花园，成全了工作之外的社会生活，让社交、娱乐、冥想、休闲自然而生。

自由是空间的情绪，这种情绪可以让办公的人回归当下身心完整，自定节奏，为当下的身心完整而活着，忠于自己的感受和节奏。如同中国传统国画的留白，以无用之大用，重新唤醒童真与想象。人是生活在画中留白的部分。做一些无用的事，花一些无用的时间，都是为了在一切已知之外，保留一个超越自己的机会。人生中一些很了不起的变化，就是来自这种时刻。工作中很多了不起的创造，正是在"留白"中产生。

恰如道家的虚实结合，工作场所的效率与体验，是相辅相成、阴阳契合的。在中国的城市化进程进入"下半场"之后，越来越多的工作场所正在谋求"体验置换效率"的新兴方式。缤客（Booking.com）阿姆斯特丹园区以虚空间营造了别具一格的工作目的地。28个微型假日地休息空间，为人们提供了远离电脑屏幕的休息时间。人们可以在纽约市和里约热内卢漫步，在希腊群岛放松，还可以游览亚马逊。在布满绿植的楼梯、"集市"餐厅和花园中，邀请人们在"多样化旅程"中享受工作。

从一杯咖啡到一个社区

如果用"社区"的方式去理解产业和城市，我们会发现营造工作目的地的核心意义如同调出一杯关于专业学科和商业模式的混合咖啡，吸引不同人的到来，成为所有人的热爱。

曾经，"产业"空间与城市完全交融，以职住一体的"大院"模式存在，为厂区职工及周边居民提供生活设施。这种"大院"模式所体现的产城融合的状态对当下仍有启示。有人将社区定义为"一群具有不同特征的人，他们通过社会关系联系，分享共同的观点，并在地理位置或环境中采取联合行动"。从这个意义上讲，工作场所就像社区——人们居住、工作和生活其间，一起社交。

18世纪,蒸汽机的发明突破人力边界;19世纪,电力的出现,打破生产与生活的动力边界;20世纪,计算机与互联网的发明,突破人类脑力边界,掀开信息时代序幕。而到了21世纪,边界似乎正在模糊和融合……

有人把城市比喻成一个容器,里面包藏着人们的生活和工作的空间,而一处工作目的地或者说创意社区是什么呢?它就像是一个超级微城市,人们在其中演绎着自己的各种生活场景,未来社区内发生的一切都是城市的缩影。一个个超级微城市形成之后,边界感在消失。互联网消除了信息屏障的同时,人工智能、大数据、新技术、新材料等,正将城市变成一个不可分割的、复杂协同的人类社会新系统。在这个超级微城市里,人们反而更需要紧密的协作,通过一个个社群聚落圈,实现"与工作的人一起生活,与生活的人一起工作"。

从建造物理办公空间,到搭建"配套、服务、社群"平台,再到全产业链办公空间和产业生态的构筑,产业社区将以初创企业、快速成长型企业、稳定大规模企业的不同需求为出发点,打造覆盖企业全生命周期的阶梯式生长空间,营造出一个开放与闭合共存的复合式工作生活场域,实现人与人、人与建筑、人与城市的连接。

与城市同步生长,产业社区不仅要着眼于现在和未来的社区构建,更应该研究过去、现在、未来的理想生活画面,居住与城市的关系,生活的智变及城市的生长,着重考虑在未来新时代,家与城市的另一种关系。

如今,丰富的生活场景催生了多元的办公需求:从居家办公、咖啡馆办公、公园办公到聚落式办公,复合了社交、娱乐和学习的工作场景,构建成一个真实的社区。在这个社区里,我们可以通过与个人与团队的连接,让原子化的个体构建起社会的身份。欧洲的广场之所以能够成为城市的文化和公民的客厅,是因为这里可以自由发言,可以和不同的人碰撞出思想的火花。工作场所中的"社区广场"同样能够成为支持人们灵感碰撞与交流的场域。

工作目的地的核心是去构建一个这样的社区。在这个社区里,咖啡馆、广场、花园、酒馆、艺术画廊,一场策展的活动,是吸引不同群体到达的理由。巴黎艺术流派的兴起,在很大程度上是源于沙龙和咖啡馆。萨特和加缪的花神咖啡馆、毕加索的灵兔子酒馆、阿波利奈尔的圆亭咖啡、兰波在哈勒尔的"彩虹之屋"咖啡馆……都成为20世纪文化和艺术的圣地。

案例

16号星球
安道新总部
萧山金地产业园

自然界迸发的绿色基因将生活理想融入日常，空间兼顾多元办公、社区娱乐、社交生活、家庭体验等多种情景，发布中心、创意市集、帐篷营地、梦幻乐园、主题展览、万物书屋、屋顶花园等多维形态将周边居民、顾客、文艺爱好者及设计同行等囊括在受众之内，传递出自由、开放的信号，成为回答可持续发展的城市课题的绿色启示录。工作目的地是一处让工作和学习融合，让情绪和自然互动，让创意在交流中发生的地方；是一个能够带来放松、愉悦和思考的地方，也是能够感受到生命的地方。因为在引人入胜的场景中工作，往往比其他地方的"同一份工作"要有意义得多。

厂房里的植物乐园

2016年，我们所在的办公室已经显得拥挤，急需为未来的办公寻找新的场所。在一个偶然的机会，我们在城北的一处创意园（经纬园区）里，发现一幢废弃的厂房，这里有着13米挑高的空间、裸露的梁柱、粗糙的墙面、桁架的结构，阳光透过屋顶，投射于锈迹斑驳的地面上，我们瞬间感动于结构和光的力量，仿佛看到这里忙碌的生产场景。"这就是我们未来需要的办公场所"——这是去看场地一行人的一致意见。很快，我们就签订了租赁协议，并开始规划未来办公场景。

当时我们提出"社区"的概念，希望这里是一处创意的社区：社交的社区，学习的社区，娱乐的社区和工作的社区。那么具体的场景是什么？

我们的灵感来自曼谷的一处商业项目"the commons"门口墙面上的一幅指引图，描绘的是沿着山径，抵达每一个花园的概念。这给了我们一个关于城市绿洲的乌托邦设想，我们决定以花园来构建未来的工作场景，并将这个办公空间称之为"Anatural park"即自然的公园（又名"16号星球"）。这里有长达20米的热带雨林、蘑菇乐园、咖啡轻餐、自然博物、文创产品集合、品牌发布空间、木工坊、雨水花园……二楼伸出墙外的露台，则是打卡绿皮火车的观景台。

建成后的16号星球成为杭州北部一个充满自然神秘的社交场和创

①入口处的热带雨林和蘑菇乐园

①

②

③

意空间，成为"小红书""微信"上的网红打卡点。各种车展、时装秀、艺术秀在这里举办，各种明星大咖来这里拍摄取景——这里先后成为LEVIS、宝马、丰田、领克等各类品牌的展示空间，景甜、白敬亭、蒋勤勤等主演的影视剧取景地……当各种事件和活动与创意办公产生化学反应后，这里也产生了众多大大小小的创意灵感，也同样滋养了在这里工作的人群。

《华尔街日报》（WSJ）曾对这个场所有着生动的描述："安道将一楼空间全部打造为公共区域，一侧墙壁上的几个生态缸里，蜥蜴趴在木头上，壁虎躲进石穴里，猪笼草静悄悄地捕蝇吃虫，据说还有些雨蛙不知藏身在哪个角落；而巨大的中庭纵贯天地，通透明亮。钢结构搭建的二层和三层，是主要的工作区域，5年下来，原本宽敞的工位已显得拥挤，几百人在这里办公，仿佛一个大剧场，或者像是霍夫曼电影《纽约提喻法》中的场景，热闹非凡。其中，一条盘旋而下的银色管道连通着二层和三层，在16号星球中非常醒目，而通过银色管道呼啸着盘旋下楼也是设计师们热衷的一种选择。午后的阳光从玻璃屋顶直射下来，打在三层和二层的环形办公空间，或打在中庭底层的热带植物上，散发出迷人的气息。采访的间隙，不时有电话打来，仿佛某种必要的打断或戏剧插入。"

——16号星球

②生态缸里的雨林蛙
③一面种满苔藓的生态墙，使人如同置身于热带雨林之中

野生办公下的创意社区

　　LOFT49是杭城最为知名的文创园区之一，这里不仅是浙江省的第一个文创基地，更是一代年轻人梦想启航的地方。这里先后走出了孙云、潘杰、戴雨享、常青等艺术大咖，也培育了mamala、品库等网红店铺，为日后浙江文创事业的发展埋下了种子。随着城市的发展，文创园区也迎来了迭代和更新。2020年，我们参与了LOFT49的焕新和公共艺术设计。发条蛙是万科、捷群和我们共同创作的一个IP。它的原型来自20世纪六七十年代的铁皮玩具，代表着中国的第一代文创产品，我们以此为原型，创造了全新的形象，并将此形象坐落于1号楼的街角。未曾想到的是，发条蛙的形象引起了众多年轻群体的共鸣，很多人为此来打卡留念。在项目未投入使用时，大家都已经知道，有一个有一只"青蛙"的地方。很多人在商议约会地点时会不约而同地说：在那只"青蛙"下见。LOFT49更新完成以后，也吸引了我们将未来新的办公场所选择于此。

　　相较于16号星球，LOFT49是一处更加城市化的空间，也是一处更加垂直分布的空间。如何从一席之地走向更加多样化的办公场景？我们提出了"阳光朋克下的野生办公"的想法，并为七层的办公楼设定了七个主题，分别为：自然的公园、艺术展览、自然的密码、文化会客厅、创意社区中心、疗愈花园和光的剧场。希望这里是一处可以激发灵感，促进社交和有着多样生活场景的地方，也希望这里成为创意者的社区，由此激活园区，吸引更多人的到来。

——安道新总部

①充满工业感和酷潮外形的"发条蛙"成为城市年轻人热衷的景点,也成为代表杭城文创的形象

STATION7
光的剧场

STATION6
疗愈花园

STATION5
创意社区中心

文化会客厅 STATION4

自然的密码 STATION3

STATION2 艺术展览

STATION1 自然的公园

②

③

②这是一座"野生办公"的创意者社区,我们希望与自然一起工作

③一楼自然的公园,喝一杯咖啡,浅露营一下,灵感或许会更多

④七楼光的剧场,是离天空最近的地方,只要你敢想象,夜晚来这里晒月光又何尝不可呢

④

⑤三楼办公室内的《山海经》主题墙绘,为在这里工作的人们带来灵感和养分

归属感一定是作为社区最为本质的内涵和需要去创造的场景，中央广场的"源绿洲"如同曾经的古罗马广场，是聚会、交流、娱乐的主要场所。我们希望社交成为物理空间的超级媒介，每天都能够吸引人们在此聚会、休憩，并以此增强社区与社会的连接。在有活动需求的节庆时期，开放空间结合玻璃盒子转化为"多维弹性"的庆典广场，引发强烈的共情体验。

　　天空跑道已经不是流行的事物，但将空中跑道打造为天空的公共艺术系统，却可以成为功能的视觉中心，让运动的状态和歌者、舞者的状态成为这里的风景，吸引和鼓励更多的"社恐"年轻人进入，以运动疗愈都市焦虑所带来的"孤独感"。

　　尽管这个项目目前还在建设当中，但至少我们知道的是，我们一切的努力，都在于引领健康的生活态度，一处产业社区以如此的愿景去打造，对一个城市而言是幸运的。让我们期待未来这座产业社区与城市间不断生长的故事。

——萧山金地产业园

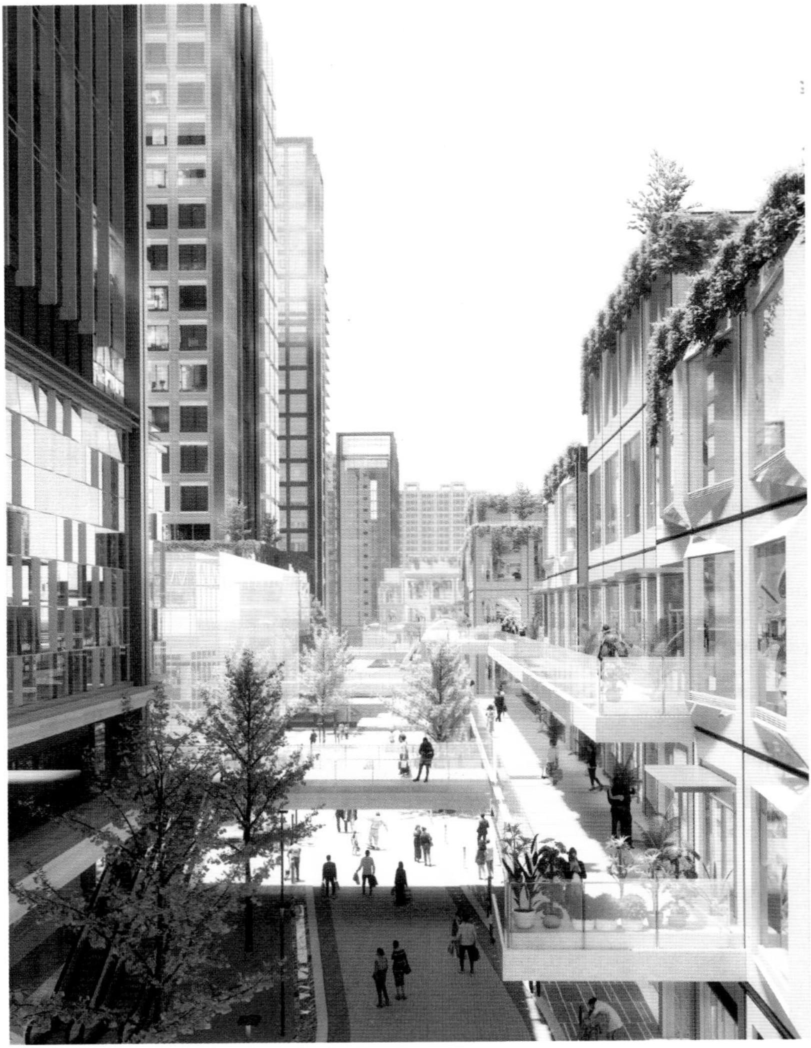

①

②

①街道和里弄的空间，为这里的人们创造了久违的"松弛感"和高级的烟火气，激发灵感

②标志性的"大喇叭"用光影艺术与触感去迎接公众，鼓励人们积极参与公共空间的活动，激发内啡肽和多巴胺的释放

③天空跑道吸引和鼓励更多的"社恐"年轻人进入，以运动疗愈都市焦虑所带来的"孤独感"，让运动的状态和歌者、舞者的状态成为这里的风景

③

HEALING 疗愈

health
&
wellness

疗愈的本质是帮助人们寻找并抵达喜悦。全面健康的生活方式就像一种哲学的回归，它已经渗透到我们生活的方方面面。从身体、心理、精神等方面，人们开始寻找能为他们带来内心平静和满足的地方。

在后疫情时代，人们对全球健康问题变得高度敏感。我们现在开始反思过去那些认为理所当然的生活方式。越来越多的人开始关注生活方式和外部环境因素是如何影响他们的健康，他们希望在日常生活中寻求增强健康的解决方案。其中一个共识是，我们无法仅仅通过物理空间的本身来提供健康的解决方案，通常的情况下，今天大多数的建筑物和空间反而限制了健康和保健目标的实现。于是人们开始转向关注那些来自身体和内心的本源需求，开始在身体、心理、精神、情绪、环境与社交关系之中，以积极的心态去享受和平衡生活，从而获得生活灵感的启发和精神的滋养。

在这一时代背景下，世界各地的酒店一直在探索新的方法来满足人们的健康需求，并在宏观和微观层面开启以健康为中心的变革。Wellness是1990年代后期，开始在健康领域中流行的一个名词。它最早出现在康养的领域。Wellness有两重含义，一是指"最健康的舒适状态"；二是指为了完美的生活而不断自我更新的过程，是个人或群体的健康最大化，即整体的健康。它是一个具备多维视角的概念：一方面，它指对个人的生理、心理、社会以及经济潜能的最大开发与实现；另一方面，是指个人在家庭、社区、宗教场所、工作场所以及其他周边环境的满足感最大化。如今，Wellness已经发展成为一套指向身体、心理、精神、情绪、环境与社交方面的生活方式——一种宁静、积极、丰富和认同的情绪；一种健康饮食、亲近自然、坚持运动、艺术熏陶、充足睡眠、追求成就、稳定的社交圈和自我思考的行为；一种享受和平衡生活，善待自己，善待朋友、家人和生态环境的积极心态。

从健康到"澎湃的福流"

如果说健康指的是一种身体和心理的状态,那么"澎湃的福流"指的是身、心、灵完美融合的状态,始终被一种愉悦的力量所推动着,是一种幸福的终极体验。如何去构建这样一种幸福和愉悦的生活方式?在这一终极体验的追求下,将对我们的生活带来什么变化呢?我们结合美国设计公司GENSLER的研究报告,得出以下的观点,这些观点将帮助我们了解基于这一视角下的生活、行业和可能带来的机遇,也促进更多健康场所的产生,增进社会的福祉。

慢旅行是人们对于身心健康的新态度

在当下,人们越来越关注我们对地球的影响,旅游业必须有意识地致力于促进环境健康绿色举措的发展。日本星野集团的可持续发展目标(SDGs),是通过平衡对经济价值和社会价值的管理,采取促进环境管理、减少食品损耗,努力继承传统文化和传统工业的各种措施,构建健康的态度。这成为星野酒店被津津乐道的体验和广为传播的价值观。同样,顶级奢侈度假酒店品牌六善(SIXSENSE)的"慢生活"(SLOW LIFE),也让六善的品牌成为疗愈和度假的目的地。

慢旅行不仅是可持续旅游的一个流行词,更是代表着一种新的态度,游客可以在美丽的环境中与大自然接触,参与骑自行车和徒步旅行等活动。旅游目的地将更加注重自然设计,并提供更多的户外空间,以便客人可以在远处的空间参加健康的活动,同时通过绿色友好的体验,以此建立与自然的联系和幸福感,例如瑜伽、芳香疗愈、森林活动、自然探索、生态旅游等,更好地将身体融入周围的环境。

在旅游和度假之中工作

随着旅游业的恢复,旅行和度假的场所将成为我们在家工作体验的延伸。疫情期间,人们封闭在家,居家办公成为一种常态。随着疫情的结束,人们开始渴望进入一个新的环境,在放松自己的同时可以让工作继续。这催生了一种名为"健康休假"的新旅行概念,实现工作和健康的精心融合。

未来的度假场所提供的不仅只是一个休闲场所,更是在舒缓身心的同时,为游客提供可以高度集中注意力的地方。工作、研究和学习可以在自然的沉浸中,在身心的放松中、在享受休闲安逸的同时展开。这与只提供充分享乐的观光目的地有着明显的界限与区别。所以一个可以疗愈的度假场所还需要提供多样的公共空间,如咖啡空间、图书空间、书店空间、美食馆空间和无处不在的室外庭院空间,为来访者提供灵感来源,休闲和工作的双重愉悦。

自然,从农场到餐桌

在强调健康和保健的趋势下,很多以美食为核心体验的场所,开始与当地农场合作,他们直接从农场中采购当季的新鲜健康的食材。这一行动,不仅可以支持当地农民的种植产业,还能通过提供烹饪课程或让人们参与农艺工坊,来获得健康饮食的教育和鼓励健康的生活方式。这一趋势,也促进未来CSA(社区支持型农业)的发展。"认识你的食物、你的农夫与你的土地",CSA通过分享与合作,令消费者与生产者相互连接,以更友善的方式对待土地。

房间不仅仅是一个睡觉的地方

基于健康设计的理念,酒店也将从灯光照明、色彩、声音体验、运动课程、疗愈治疗等方面去重塑自身,将自己打造成一个可持续且注重健康的环境,并且适合放松、冒险甚至工作。未来可持续发展的健康酒店将更加关注员工的福祉,积极让宾客参与并响应他们不断变化的习惯和需求,并通过对健康、可持续发展和当地社区的重新承诺来提供个性化的体验,从而创造一个有益的、健康的环境。为了避免直接接触酒店健身房的共享设备,许多酒店都提供室内智能健身房和私人训练设备。可应要求将固定自行车、跑步机、弹力球或瑜伽垫送到客房。客房内的服务还允许客人定制个性化的冥想或健身课程,旨在促进客人的健康和福祉。

花园成为疗愈的偏方

在焦虑症、抑郁症、慢性疲劳综合征等疾病已经成为全球性公共健康问题时,具有疗愈功能的景观和自然环境被认为是减轻压力和缓解各种不良情绪的重要公共卫生资源。如何让自然进一步与生活深度融合,给人们带来心理与情绪的疗愈。花园的出现,一度被认为是疗愈的处方。尽管世界上造园已经有6 000多年的历史，但真正民众公园的出现不过一两百年的时间。民众公园的产生，不仅成为解决城市嘈杂混乱问题的良方，更是为人们提供了清静的去处，人们在这里进行露天活动、散步、野餐及聚会，享受城市之中的"绿洲"。如今，随着城市化的进程、空间环境的拥挤、生存压力的剧增，人们比以往任何时候都更加渴望一处宁静与疗愈的空间。充满盎然生机的花园，有时比任何药物都强大。以不同植被的色彩和芳香、水体的自然流动、具备感官刺激的环境和蕴含特殊意义的元素等，打开人们的全方位感知系统，让"五感"活跃、享受、开启探索，让人们全身心投入到周围景物的状态中，从而促进健康。

我们有必要引导人们从日常的担忧和焦虑中脱离出来，即使只是与外部世界的片刻接触，也可以帮助人们在内心世界中生活得更好。花园可以看作是一种哲学疗法，一种心灵的药物或者护理，悉心照料的行为和耐心参与园艺的活动，可以成为天然的焦虑缓冲剂。花园兼具的观赏性与生产性为人们带来了自然且朴实的快乐。我们需要将花园从更多的规则式和模式化的营造中解放出来，让四季的种子、花卉，甚至不知名的野花，成为人们共享和互助的花园元素。

以人为中心的健康设计

在健康和疗愈的需求下，我们需要通过积极的措施来改进我们的城市、建筑、空间、环境和服务，让今天更多的地方可以成为促进健康的场所，无论是度假村、居住社区、办公室、餐厅还是零售店。那么如何构建我们的健康空间呢？健康设计在今天是一个崭新的课题。通常我们所理解的健康设计，往往指的是绿色建筑、节能建筑、主动式或被动式建筑。它们往往依赖于运用绿色、环保、节能、可回收的材料，或者新型的技术如新风系统、智能空调和环保供水系统等，来达到以健康环境为目的的设计。这些健康设计更多是基于建筑和空间物理性的思考和关注，它们并不重视人在空间里的心理感受，如是否愉悦，以及又是什么影响着人们的情绪。

在这里，我们讨论的健康设计，是通过将健康原则与科学的行为反应相结合的一种设计方法，更多的是基于感官的体验，通过感官的体验同周围的环境建立互动的关系。这种关系可以促进人与人之间的交流，促进人和自然的交互，从而产生相互依存的关系。健康设计是超越了建筑、室内和环境的设计，是更深入地促进和了解一个有着情绪价值的地方是如何影响人们的体验甚至心流的产生。从这个角度而言，健康设计是设计心理学的应用。比如在一个舒适的购物空间里，是如何通过鼓励购物者选择漫步的方式，引导人们从一个地方到另一个地方，同时促进更多的购物意愿。这其实是非常微妙的，几乎是在潜意识层面上的应用和引导，通过暗示、激发和唤起等方式，创造一种"安全感""归属感"和"愉悦感"。

所谓健康的体验，从本质上来讲就是一种终极的安全感和舒适感，它可以让人们在抵达这样的空间时，引导人们的身体和思想变得缓慢，从而让肌肉与呼吸得以放松，思绪也瞬时松弛和放空，进而让注意力转移到一切美好的事物。

　　健康设计，需要基于设计心理学和健康的原理，通过氛围营造，将空间、线条、形式、光线、颜色、纹理和图案，转化为人们可以感知的内容，当这些元素组成的每一个细节被完美刻画的时候，人们就可以在不知不觉中进入一种感觉良好的状态，从而产生平和、平静和美妙的感受。隈研吾在"五感的建筑——隈研吾建筑设计展"中，通过他的作品和思考来传达："建筑的目的不是为了将人类困住，是要让人的身心获得自由；而五感的建筑，是让人们通过所有的感官，来获得精神的解放。"这不同于形态优先、视觉至上的20世纪的建筑设计，他想做的是诉诸所有感官的建筑。我想，这是对健康设计最好的诠释。

　　尽管对于不同的人来说，对审美的偏爱会有所不同，选择锻炼的方式和喜欢吃的东西会有所不同。比如对于某些人来说，他们认为光线昏暗、色调暗淡的空间，有助于减少刺激从而获得平静的心灵；而对于其他人来说，偏偏需要自然光或明亮的色彩，为他们带来活力。不可否认的是，自然触感的纹理、自然中的材料、美好的形状、舒缓的音乐、自然的香氛、传统的艺术都将组合成美好的氛围；而这些氛围的共同特点，就是让人们感觉更好。所以，健康设计所做的核心就是：通过空间的氛围、陈设的物品、舒适的灯光、艺术的色调，来激活感官的反应，唤醒沉睡的感觉；通过积极的行为去和周围环境产生连接，鼓励人们去探索美好的事或物。这就是健康设计的本质和意义。

现实中，当情感（对我们情绪的影响）没有被考虑到设计中时，夸大的功能、对巨构的崇拜以及不适的色彩，往往会让人们想要逃离。尽管很多时候，人们很难表达是哪些具体的元素和因素导致了他们的不适，但他们会用身体的行动来拒绝，比如避免长时间的停留、拒绝消费和再次抵达，以此来表达这不是他们想要的情绪。如何开启一个"以人为中心"的健康的设计，或者说健康设计有没有具体的方法论或思考的维度呢？我想借鉴水疗中心和度假村的"4S"设计理念（空间Space，周围环境Surround，声音Sound，服务Service），或许可以帮助我们理解。

"4S"成为健康设计的要素

今天一个度假村的设计已经超越了典型建筑、室内和环境领域所关注的内容，它们更多转向关注人们在里面的体验，这种体验决定了人们的消费行为。一个开心和愉悦的体验可以很大限度上提升业绩，并促使人们再次到达。我们一定有过这样的经验，当你在一个下午抵达一处美好的地方，你会感动于夕阳透过窗户洒进来的一缕光线；大厅中能够隐约看到的远山，让你的思绪飘动；风吹过树林的声音让你变得安静；亲切的问候让你感到温暖；推开房门，淡淡的香氛让你心生喜悦。这是建筑、空间和周边的环境对你产生的影响。这些让你愉悦的背后，是健康融入设计的策略——巧妙的规划、精心的组织、细节的安排、氛围的刻画。

空间：SPACE

在《日本八大审美意识》一书中，将空间解构为"空"与"间"的组合。所谓的"空"在东方的哲学中称为"气"，英文可以翻译为"Energy"，也就是能量。我们经常说的气场，就是指空间的能量。当一个地方可以和周围环境发生对话的时候，比如阳光可以照进来，微风可以柔和地穿越，自然可以在其中生长，这就是所谓的气韵流动，这恰恰也是国画中最高意境。一个气韵流动的场所，一定有为人们提供安全、舒适和宁静的能量。"间"，指的是节奏，一种类似音乐般节奏的地方，时而欢快，时而舒缓，时而急促，时而停顿，在疏密相间中自由流淌。同样，空间也需要通过开合、渗透、交叠、借景、对景等方法激发人们在其中的探索欲，从而获得游戏般的乐趣。其间，人与自然、人与空间便实现了能量的互动和自由的体验。

声音：SOUND

在梵文中，纳达·梵天（Nada Brahma）说的是，"声音就是梵天"。世界著名的理论物理学家布赖恩·格林（Brian Greence）认为，"万物都被一种持续而微小的嗡鸣所充满"。他在《宇宙的琴弦》中有着生动的描述："想象宇宙间有无数的琴弦震动产生音符的共鸣，谱写出一曲宏大的生命交响乐。"

每一个人都是被声音召唤而来，我们听到的第一声是由血液循环和呼吸带动的白噪音，那是来自子宫内的声音，而它永不止息。声音使得我们记起自己的本源，从而更加相信这个世界，更加相信我们身边的人，也更加相信我们自己。声音在疗愈当中，可以令人深度放松、改善睡眠、缓解疼痛、平衡身心、增加幸福。所以，当一处疗愈场所里的声音让你感受到宁静和祥和时，会让你的呼吸跟随声音的节奏而跳跃。水流的声音、雨滴落下的声音、鸟的鸣叫声，以及独特的背景音乐等，会有效激发宁静、积极、丰富和认同的情绪。今天，我们对于声音是如何支持人们健康的研究很少，但在健康领域里声音疗愈却是主流的方法。

周围环境：SURROUND

建筑内外的整体自然环境，包括郁郁葱葱的山谷、绿地，精心设计的花园、草坪、荒野、海滨、水体、丘陵和山脉。内部环境包括室内的光影、色调、空间的艺术陈设以及室内外间的自然联动等。亲自然设计，是基于人类与生俱来的关注生命和以人类生物体为中心的设计，自然采光、新鲜空气、直接接触大自然、使用天然材料、声学设计、水的存在等都能够减轻人们精神疲劳和压力感，并帮助恢复注意力。今天我们所创导的自然建筑，就是通过人们的这层需求，对建筑设计进行指导，从而减轻建筑环境对人类健康造成的一些负面影响。同时，关注整体环境是如何有效激发我们的行为的，比如鼓励健康的饮食、亲近自然、坚持运动、艺术熏陶、充足睡眠、追求成就、稳定的社交圈和自我思考的行为。

服务：SERVICE

在今天面对可持续性、社会包容、健康疗愈和整体的公平的时代背景下,我们除了提供智能、高效的服务,也需要将这些价值观转化为独特的行为模式,转化为所有人可以感知的内容。服务的设计是基于我们独特的价值观,转变为服务的动线、触点和产品,影响并提升人们的整体感官体验,促进对于健康之下价值观的高度认同和理解。

空间、环境、声音、服务,这些原本并不交织的内容,在以健康为目标的设计下,成为人们体验的核心和未来我们需要关注的重点。尽管我们今天并没有太多的研究成果,但值得我们进一步的思考和实践探索。

健康生活方式改变未来社区

健康社区是"一群居住得很近的人,他们拥有共同的目标、兴趣和经验,在各个方面积极追求健康"(GWI,2018)。健康社区可以通过倡导健康生活方式的房地产来创建,也可以借由社交或文化网络存在,区别于居住区等物理空间。健康社区的总体规划旨在营造有助于人们健康和福祉的蓬勃发展。此类健康社区根据资产类别针对不同类型的买家或居民,如老年生活健康社区通常针对中上层退休人员,而住宅健康社区则针对年轻、活跃的夫妇和家庭。无论其类型如何,健康社区在以健康为锚点构建时最容易取得成功,其中包括健康度假村、目的地水疗中心或温泉等自然资产,同时也催生提供健康生活为核心居住体验的健康房地产的开发,为今天房地产行业的转型创造新的机遇。

随着人们越来越意识到生活和工作环境对福祉的直接影响，对于地产价值的理解也不再是"地段，地段，还是地段"（Local, Local, Local)，而是去追求那些对于他们健康更为有利的地方，尽管这个场所可能是远离他们工作的地方。在这一价值观和生活方式的变化下，"健康房地产"应运而生。"全球健康研究所"（GWI）将健康生活方式房地产定义为"主动设计和建造以支持居民整体健康的住宅"。换句话说，健康生活方式房地产对应于健康房地产的住宅部分。从某种程度上说，今天的阿那亚和麓湖也是以提供健康为导向的社区。那么一个健康房地产是如何定义的呢？世界对于健康地产的定义主要围绕生态康养、社区养老及健康产业等模块展开，其经济逻辑基于通过导入健康产业资源提升土地价值，挖掘项目开发与品牌业务的利润增长点。

在健康和福祉的影响的推动下，该行业正在不断发展并逐步重新定义我们周围环境的标准。健康房地产的力量可以归因于健康的生活方式、培育具有相似价值观和个人目标的社区。实现既定目标需要遵守开发过程中的特殊性，并需要专业顾问的参与。可以预见的是，此类开发将成为常态，逐步改变住宅区和城市。这种转变将造福人口和环境，并为所有利益相关者带来更高的盈利能力和回报。尽管健康房地产仅占房地产行业的一小部分，但其带来的好处将引起更多利益相关者的兴趣。

案例

延福书院
桃源森林国际旅游度假区
万华江东麓岛

心流理论最初源自米哈里·契克森米哈赖（Mihaly Csikszentmihalyi），其在1960年代对艺术家、棋手、攀岩者、作曲家等的观察中发现，这些人在从事工作的时候几乎是全神贯注地投入，经常忘记时间以及对周围环境的感知，产生浑然忘我的愉悦感。疗愈目的地不仅需要根据周围环境和产品反映独特的健康理念，更需要为所有的人寻求定制的真实和身临其境的体验，例如在文化和自然中探索、冒险和寻求刺激。同时，还需要在深入分析人们喜好的同时，编织出一个吸引人的故事——"目的地"想要讲述的故事。

梁林之路与心灵场所

2023年开年以来，"寺庙"关键词的搜索指数同比增长600%以上，承受着焦虑与内耗的人们，急需一场心灵疗愈和精神按摩。自然风光与禅意之美交织的寺庙，天然就有一种让身心宁静下来的佛光澄澈。那些在现实生活中难以逃脱的围城，仿佛在寺庙都可以得到化解。在求佛问路的过程中，暂时从生活重压中抽离。这里没有急需回复的群消息，也没有永远完不成的KPI。偶尔几声绵长钟响，连耳边的风也变得轻柔。

1934年，因为梁思成、林徽因的到来，延福寺再次进入人们的视野。千年古刹延福寺，江南地区年代最早、保存最完整的宋貌元构建筑，被称为中国传统建筑的"活化石"。延福寺的长明灯终年不灭，自然风光与文物风骨依旧，香樟、菩提、侧柏等参天大树，把延福寺大殿掩映在一片绿色中，有一种禅静悠远的力量。

在我国，寺院不只是弘扬佛法的梵宫宝殿，同时也是士庶毕至、少长咸集的社会文化活动场所。很多贫寒之士，通过寺院这块宝地走上科举之路，进而成为修身齐家治国平天下的朝野才俊，寺院的这一教育功能，为后来书院的发展提供了借鉴和模型。

2014年，延福寺正式启动修复工程，修复后的延福寺作为灵隐寺的下院，成为文化与精神的有形展示。为了进一步保护和传播延福寺的文化，灵隐寺决定建设延福书院，承担起这座千年古刹的讲经、参观、研学、度假、文化体验、康养疗愈、冥想修行等功能。

延福书院作为一种新型的文化空间，室内设计包含了图书馆、讲经堂、住宿、喝茶、素餐食的空间和文化商店，是一种全新文化要素的集成。如何通过起居、阅读、听讲、喝茶、禅修等活动让来自世界各地的悟道者和到访者能与佛学产生千丝万缕的价值流动，从而提供一种借由内心的宁静，找回散落在现实中的自己，这是项目带给我们的使命。

入口的"吃茶去"，来自禅宗的公案，是引导你反观自照，认识本心。二层是有着近十万册图书的图书馆与素食餐厅，我们希望这里可以给人们提供一种拙而质朴的氛围，这是一种可以提供给人们安静打开书本的情绪。三层则是通高的讲经堂，当南向的光线透过格栅投射于此的时候，能量就开始聚集。围绕着公共空间的是120间客房，我们以不同的自然元素为主题，构建起禅修的起居场景。六层处的屋顶花园，我们称之为"种子花园"的场所，我们希望去搜集不同植物的种子，种于此地。所有的到访者在离开时，都可以带走一颗种子和果实。此时幸福的种子便在人们的内心萌发。

——延福书院

①书院到达处的"吃茶去"，以禅宗的机锋，让人们放下一切，开启心灵的旅程

②图书馆空间的布局，将光与影融入空间的氛围营造中，在平衡空间内部光影、色彩、材质与纹理的同时，也将安宁与祥和的气息外显于空间的每一个角落

③禅居餐厅的禅意表达，将佛学理念潜移默化地传递至观者的内心

①

②

③

④空中的文字装置，以独特的艺术语言展示佛经的内容，引发人们对于文化的思考

④

自然是最早的疗愈处方

如果说乌镇是江南水乡的缩影，那么与乌镇一桥相连的吴江桃源水乡森林，则是江南"森系"生活的一片净土。约11.5公里的大运河最美弯道，成就出桃源自然、文化与生活的丰饶，逾200条天然河流，犹如叶脉根茎般充满生命力地曲回蔓延；约88座悬浮岛屿群，如翡翠珠链般点缀于河道溪流中；近90%原始森林覆盖率，孕育出宛若绿野仙踪的童话世界。

"桃源"二字取自"问津桃花何处去，为有源头活水来"。2500年风物清嘉的江南水土浸润出来的风景、标志着江南文化开端的"马家浜遗址"、吴王夫差建造离宫的旧址、范蠡和西施隐居的地方……

桃源森林国际旅游度假区在这片土地上应运而生。在13平方公里的珍贵水乡森林之上，我们以运河会客厅为核心，打造七大森林世界与五大梦幻海洋，将关于自然、人文、生活的梦想全都纳入怀中，每一寸肌理都印刻着江南文化最迷人的样子。

这里始终是画家笔下的样子：烟雨蒙蒙，暗绿清亮的流水倒映着小桥的影子，农田、溪流、山林和驿道相映成趣，从曲径通幽的森林小路到蜿蜒的大运河，每一眼都是江南的秋波流转。"水乡"和"森林"，是我们的出发点，也是我们面临的挑战。

如何营造水乡？在重新梳理和设计水系的基础上，优化农田景观、种植水生植物、保留原有水生植被。2 500平方米的水上森林静谧又绚烂；50余棵金沙槭在夏日中呈现满目绿色，在秋日中撒下遍地红叶，一棵高达20米的原生枫杨大树平静伫立于湖面之中。稻香风清，谧林流水。

如何突出森林，保留村庄的记忆？散布的苗圃，香樟、榉树、水杉这些生长了几十年的大树，构成了这片土地的记忆。在保护的同时，补充和融入四季变幻的森林，与宁静悠闲的传统慢生活方式相生相息，奏响一曲媲美普罗旺斯的东方桃花源田园式牧歌。

水系、森林、群岛、负氧、温泉……春天的黄昏，请你陪我到梦中的水乡。

——桃源森林国际旅游度假区

①

②

①稻田、森林、岛屿、溪流、乐园、驿道,每一眼都是江南的秋波流转,构成了自然疗愈的世界

②在天幕下与三五好友聚会,享受身心放松的旅程

③接待中心暖暖的灯光,温暖着每一个人

③

围绕度假的健康社区

　　"中国只有一个海南"，这是我们对于海岛的理想。在所有理想中这里更适合度假，更浪漫，有更多丰盈的植物条件，我们能否在海南创立一种全新的生活空间？——这是江东麓岛项目的愿景。

　　江东麓岛项目是万华集团历经20多年，继麓山、麓湖、麓城之后的第四座以"岛"为题眼的现代化国际社区。如同今天的麓湖，江东麓岛同样有着大量的社群空间配套、架空层空间与空中共享空间，这既是延续了麓湖的基因，也结合了海口的气候特质，江东麓岛希望能实现一场热带共享社区革命。

　　麓岛酒店是社区配套的一部分，不仅是一座以"wellness vocation"为理念的度假酒店，更是一处流动性的公共空间，糅合了社区体验、度假设施、景区属性、邻里社交场的四重属性。麓岛酒店延续了万华的社群营造思维，在社区感、场景化及内容的多样性上不断建立自我产业生态圈和生活圈层，同时注重人文和社区关怀。在设计语境中，它真正做到了从城市界面—社区界面—建筑界面—室内公共空间界面的递进。在探寻慢节奏的生活趋势下，体验设计层层递进的、清晰而理性的导入过程，感受建筑艺术、生活需求、邻里关系、度假体验和浪漫的情怀。

　　麓岛酒店强调空间的包容性，以及建筑与海岛雨林风景的融合，其目的是创造一个能够包容人与人、人与自然相处的平台。我们设置和预留了更多开放交流空间，促使这个现代化的国际社区成为江东麓岛"内外联结"的场域。从布满绿植的屋顶到穿梭雨林的步道，从独特的藤蔓、溪流、石块、椰林到"东方性"的内容场景营造，"一步一景"不只是景观的改变，更是在场景转换的同时展示空间背后的独特价值，呈现出雨林、建筑和人的"流动"，以及人与人、人与自然和谐共处的状态。

我们认为这里是一个绿色的天堂，所有的生活都将被绿色包裹，以视觉、触觉、嗅觉、味觉、听觉触动wellness vocation体验，在探访、感触、参与和聆听中，回归纯粹全面的健康生活。

——万华江东麓岛

①

②

①酒店的精奢与雨林浪漫在此交织、碰撞，成为到访者拥抱自然的绝佳去处

②"世外桃源""星空芭拉湖"，意为"夜色中神秘而美丽的湖泊"，是漂浮的空中泳池

③在室内的雨林中享受自然、放松心情

③

LIVING 栖居

What
is the
good life
?

理想的栖居地，不仅向人们散发着"美"的吸引力，还构建了亲密友好的生活场景——熟悉的社区文化和邻里公约、充满烟火气的街道与市场、开放而自由的娱乐氛围、适合并吸引人们碰面的地点、交流及激发灵感的场域。

200多年前,德国诗人弗里德里希·荷尔德林(Johann Christian Friedrich Hölderlin)写下:"人,诗意地栖居在大地上。""在柔媚的湛蓝中,教堂钟楼盛开金属尖顶。燕语低回,蔚蓝萦怀。"古往今来,人们对于理想的栖居,从未停止想象与追求。所谓诗意的栖居,意味着个体的生命可以和周围的世界发生共鸣,并产生积极的意义。什么样的居住可以给予人如此的情感和幻想?什么样的地方能够称之为理想的栖居?

1961年,毕业于哈佛大学建筑系的罗伯特·西蒙,在华盛顿买下了一片27.5平方千米的土地,用于实践他"一生之城"的理想,希望为美国去创造一个完全不同的城郊新市镇,这便是今天的里斯顿新城。在建设初期,罗伯特为这里规划了七条超前的开发目标:1.新兴社区必须为人们提供丰富的文化娱乐设施和各种独处的环境;2.个性的价值和尊严应该成为规划的首要重点,这个比规模更重要;3.应该保证多元化的人群能在同一个社区工作并生活;4.商业、文化、娱乐设施从开发之初就要为居民配备完毕;5.自然和人造的景致是优质生活的必需,需要从一开始就关注;6.里斯顿必须是复合功能的,它是一个兼顾生活、工作、休闲的场所;7.通过多种类型住宅的组合,使一个家庭从青年、中年到老年的各个阶段都无需从社区中搬走。这是里斯顿的规划原则,也可以说是规划的宣言,里斯顿从一开始就投入大量的资金用于公共设施的建设,包括湖泊、森林公园、球场等。建成后的里斯顿容纳了近7万的住户,提供了超过4万个工作岗位,创造性地实现了将生活、工作、休闲熔铸在一个场所里,成为未来城市规划的蓝本。

位于英国伦敦城北部的巴比肯社区,这是个被英女王伊丽莎白二世描述为"世界的现代奇迹之一"的项目。设计团队提出，要有别于传统居住楼盘，以"城中之城"的理念，打造一个自给自足的乌托邦。这里如同微观宇宙的综合体，道路和轨道交通从下方经过，噪声被隔绝在视听范围之外，音乐厅、剧院、艺术中心、购物广场、私人花园、温室花园、湖泊等是这里的生活场所。居民们为在这里生活而感到骄傲，他们谈论着自己在这里享受到的绝佳生活质量："它的规模、智慧、创新、质量、城市景观和单纯的抽象艺术性在全英甚至全世界都是独一无二的。"

从里斯顿到巴比肯社区，这些开启于20世纪60年代的项目，在今天看来，仍然值得我们学习。越来越多的开发者、规划者及设计者也以"一生之城"来回应栖居的理想。建筑师摩西·萨夫迪（Moshe Safdie）说：我们应有开放空间，集中的商业规划区域、丰富的休闲娱乐空间和美丽的花园兼容，而不是因经济的压力对公寓楼房不断挤压，就像密封的信封一样，把人们和他们的生活打包，硬生生地塞进一个狭窄的空间里。庆幸的是，今天我们的政府亦开始从政策的角度和规划的导则推动理想的栖居——浙江省政府以"未来社区"将居住的社区视为城市的基本单元，实现"人本化、生态化、数字化"的生活方式；成都则以"公园城市"中的六大场景来回应人、城、境、业高度和谐统一的现代化城市。

家是新的茧

国家致力于城市建设的30年，也是住宅市场野蛮生长的几十年。

住宅市场在资本金融的推动下，成为所有人的狂欢。买房成为一种投资的行为，投资回报率曾成为住房最重要的使命之一。"人们高兴不是因为某栋楼给出了优秀的设计，而是因为买到了一样东西，它第二天就能升值1%"。

今天，我们从飞机上往下看，所有的城市都呈现出一种统一的状态。在高密度的都市景观下，城市面目已经模糊不清，我们无法分辨一个地方和另一个地方的区别。很多时候，我们需要通过混杂在大量背景建筑中的少数地标建筑或稀疏的历史建筑来辨别一座城市。一个不可否认的事实是，高歌猛进的城市开发，催生了大量的居住建筑，它们大多有着相似的结构和不容易分辨的装饰，成为城市的背景建筑，让城市变得千篇一律。封闭式住宅区的不断扩张，也在粗鲁地撕裂着城市原本的肌理，深刻改变了城市的多样性，也改变了我们感知和观看城市的体验。

在信息和交通尚不发达的年代，社会关系总是与物理空间邻近地绑定着，邻里之间相互依托发展。随着信息化高速且大范围地"席卷"大众生活，人口开始大规模自由流动并向城市集聚。原本以居所构成的邻里中心的社会因不再承担社会关系而退化，城市逐渐呈现原子化发展。相应地，城市化的高速发展创造了一座座巨大而同质的城市，一户户盒子状的家又逐步阻隔了人与人之间的交流，使得人与公共生活似乎越来越远。调查显示，目前我国单身人口已达2.4亿，独居青年超7.7千万，八成年轻人认为自己有社交恐惧，只能将社交软件当作寄托情感的工具。"线下孤独、线上热闹"成为很多人的常态。公共空间下、邻里之间的娱乐活动似乎显得有限而奢侈。

家便成为新的"茧"。

第三空间是家的延伸

1989年,美国社会学家雷·奥登伯格(Ray Oldenburg)在其著作*The Great Good Place*一书中,反思了日益"封闭"的家庭娱乐休闲时间,并且提出了"第三空间"的概念以及概述其重要性。这些被定义为非正式的聚会场所可能是咖啡馆、酒吧,也可能是公园、游乐园或是花园、美术馆,为人们提供了重要的"第三选择",满足家庭和工作之外的需求。同时,这些空间必须是运作良好且提供基本的食物,食物又是相对便宜的。人们在这里可以很容易找到新老朋友,轻松交谈,享受彼此的陪伴。因为这些空间具有高度的可达性,舒适且受欢迎,给予人们一种非正式的心里安慰,仿佛置身于另一个"家"。

如何去创造多个能满足全龄居民所需求的第三空间,并促使人们享受彼此的陪伴?酒吧、咖啡馆、书店、图书馆、画廊和博物馆为人们提供了家庭和工作之外的"第三空间",人们在这些空间享受彼此的陪伴及真实的生活,他们与场所共同散发出的"感觉",吸引着更多人的到来,他们和本地居民一起参与,让地方极具吸引力。今天,文化的消遣已然成为一项习惯性的消费——很多人会选择美术馆、博物馆、书店或图书馆度过周末的部分时光。文化的消遣,不仅仅可以提供思想的养分和精神的体验,更是通过这些体验定义了他们自身,并成为充实内心的一种力量。

社区需要去构建文化与艺术的空间,创造独属于社区的文艺内涵和底蕴。有时很多人不禁会问,艺术与生活的距离有多远?普通人离艺术的距离究竟又是多少?艺术真的是人们的日常所需吗?欧文·戈夫曼(Erving Goffman)在《日常生活中的自我呈现》中有一段这样的描述:"人们日常生活中的一切行为,在某种程度上,都可以被认定为一种特定的表演行为。当一个个体出现在大众面前时,他(她)总会有意无意地筹划设计他(她)的行为方式,塑造一个别人眼中的'自我'。"他运用戏剧类比的方法很好地解释了当今社会的一个常见现象——"人设"。各种文化与艺术空间,不仅仅是建筑本身,更是构建社群文化的重要地点。如同是一个个生活的美学符号,它们正好符合当下很多人的"人设"需求,吸引了对生活有着美感追求的人们。他们被吸引至此之后,在享受"向往的生活"的同时,又将所有的情怀投射至社区。所以,对于很多业主来说,他们在这里购买的远不止房子本身这么简单,而是一种新的社区组织形式,一种精神文化产品。

同样,作为社区文化空间的书店而言,更类似于"精神避难所"般的存在。社区书店会慢慢成为邻里之间的文化客厅和书房,我们除读书、买书外也总有很多事可做:从买书延伸到社交,在这里可以喝茶、喝咖啡、聊天,参加一场喜欢的作家的文化沙龙,看一场小型的艺术展览,抑或是分享自己与书的故事等。在社区中除了艺术和读书,还可以来一场熟人邻里的精神文化交流。我们认为，电影院可以快速让人们找到一个共同的话题，它为人们提供相遇的机会；但区别于商业影院，社区电影院更像是一个承载情感的容器，自发性吸引居民来这里参加更丰富的舞台活动；也可以是吸收成长、释放解压、展示自我等的一个生活剧场。对于社区的居民来说，社区的文化空间，更像是一个承载情感的容器，吸引居民自发性地到达这里。

豆浆与油条

我们曾在一次良渚文化村微更新项目中对村民进行采访，了解他们选择在此定居的原因。有不少村民给的答案是因为村民食堂，因为他们在这里每天早上都能喝到浓稠的豆浆，吃到热腾腾的油条！

幸福的生活应该是由一个个日常的小确幸构成的，比如，在一个睡饱了的周日早上去家楼下熟悉的面馆来一份落胃的"片儿川"。然而，现实是，我们在环顾周边的商业时，能找到的往往是那些流水线成品的包子和盒装的饮料，很难在家的合理范围内找到接地气的早餐店。随着城市化的发展，日常生活逐渐呈现荒漠化，社区缺少原本该有的烟火味——少了聚气的地方。当人们被外卖、快递、叫车软件及线上聊天工具裹挟，与"附近"不再有任何的连接，于是，家也就成了一个没有"附近"和坐标的地方，成为没有温度的孤岛。

所谓的"附近"，也就是我们生活的真实场景，它是一个人生活圈子的周边，比如你经常光顾的饭馆、理发店、菜市场、酒吧、健身房、宠物店，你经常会参与的一些紧密的朋友圈的活动等。社区周边的商业、商家和经常光顾的客户成为你的"附近"。社区的周边商业也成为我们的"生活底盘"。

一处美好的栖居场所，需要为这里的社区居民提供日常的小店，包括豆浆店、花店、杂志铺、宠物店等那些令人产生归属感，具有人情味的场所。社区的商业应该是将效率和愉悦的情感相结合，它们提供的不仅是物质上的便利可达，还有情感的便利，让居民获得情感的满足，即使是在下班后的深夜或是百无聊赖的周末，都能找到情感的寄托。

同时，这里的社区商业应该是更加开放的。一个好的开放式街区，不仅要突破单调且乏味的沿街底商，并能让城市穿越建筑，实现边界消融。在这个自由与共享的开放式街区里，有着大小不一的零售空间和业态，人们不仅可以流连于不同类型的商店，还可以在此进行丰富的日常活动，回归逛街本质，感受市井所带来的独特魅力，进而形成高级的烟火气。高级的烟火气是既保持着和日常生活的贴近，又能够和日常的琐碎场景保持适当的距离感，并创造着生活的仪式感。

那么如何重构附近？如何让社区的商业成为你的"附近"并提供着高级烟火气的氛围？

在住宅开发的高周转时期，开发者不愿持有物业，更不愿意对商业进行统一的运营。同时，在住宅利益最大化的规划原则下，商业街往往成为住宅的底商，以最小的分割单元进行分割出售，以便快速回笼资金。当一间间商铺成为不同投资者所拥有的物业，以及在商业的投资主体和运营主体分离的时候，投资者往往依据投资的效率而决定是否租赁，而每年不断上涨的租金不仅"吓跑"了那些小型独特的零售商，也驱赶了那些需要时间培育的尚未成熟的新业态。而方便、快捷的线上购物更是促使了人们越来越少地去光顾实体商店，严重破坏了社区的商业生态。

而事实上，今天以家庭娱乐活动、邻里及朋友之间的社交和自我需求的满足为主要生活场景的社区商业仍然存在巨大的商业潜力和商业价值。社区零售业已经从一个交易的时代，进入到一个关系的时代，线下实体店可以通过营造出一种无与伦比的消费场景来吸引顾客，这是线上购物所无法做到的。所以社区商业或许会在新的技术浪潮下迎来又一个上升期。

打造栖居目的地，我们需要从单一的居住开发者转变为美好生活方式的提供者和运营者，重新认识社区周边商业和配套设施对于理想栖居的重要性，认知"豆浆和油条"对于个体日常生活的意义。所以，我们需要颠覆以往的商业逻辑，鼓励混合用地和混合街区的开发，让我们的社区可以提供给不同的人群更便捷的生活、更好的教育、更丰富的娱乐和更温暖的关系。

你有马路，但没有街道

欧洲城市的魅力，在很大程度上源于街道给我们带来的轻松与愉悦。街道在欧洲不只是为了交通，更多的是作为社区而存在：这里的街道有着精美的图形铺装，有着传统和现代的雕塑，有着各种鲜花盛开的花店；围绕着商家的是各种户外空间，可以说这是花园型街道。而街道汇聚之处，往往是放大的广场，这里有着喷泉和雕塑，人们在街道散步，在林荫下品尝着美食、咖啡与美酒，花香与面包的香味与人们的窃窃私语共同构成了街道的五感体验。

在传统中国，街道一直是家的延伸。北京的胡同、上海的里弄、传统的步行商业街，人们依据街道而生活，街道是人们社交的场所、娱乐的场所和孩子游戏的场所。相信在上海人的记忆中，1980年代的上海曾经有着人们身穿睡衣逛街的习惯。因为，在居民的眼中，楼下的街道就是他们的公共客厅。

今天，越来越多的人已经认识到，街道必须逐步回归成为城市最具潜力的共享空间。我们开始鼓励混合用地的开发，这将极大丰富街道的业态多样性。餐饮、娱乐、商店、新鲜农副市场、办公等业态是实现街道丰富生活体验的内容。而街道家具、铺装、景观、人行道、树木等是促进和改善人行环境的基本设施，它们的友好是吸引更多的人出行与休闲的环境要素。同时，街道的公共艺术、座椅、口袋公园、儿童游乐设施是促使人们放慢脚步，吸引人们与之产生互动的街道社交元素。良好的街道综合环境将使街道重回以人为本的目的，从而促进居民的社交、休憩与消费。

栖居目的地的规划理念也需要从技术层面转向人本主义的层面，促进街道设计理念的不断更新和涌现。从生态街道设计、绿色街道设计、共享街道到慢生活街区等，无不是将强调交通功能的"道路"转向注重承载城市生活功能"街道"。街道设计的目光重回人的步行和人的社交，街道也重新成为容纳市民公共生活的重要城市空间形态，是城市的客厅，亦是城市的公共广场、社区的前院，是临街商铺、集市、儿童游戏、邻里交往的共享空间。

对于街道的重新定义和认知，将全面改变街道规划设计的原则和导则。1970年，威廉·怀特(William Hollingsworth Whyte)建立了一个叫作"街头生活项目"的研究小组，用持续10年的时间观察城市的公共空间。从公园、游戏场地、街道非正式休闲娱乐场所开始，思考究竟是什么让城市的公共空间生机勃勃或死气沉沉？是什么吸引着人们？他在《小城市空间的社会生活》中分别以广场生活、坐凳空间、阳光、风、树、水、食物、街头、不受欢迎的人等维度对如何打造有魅力的公共空间进行了描述。对于街道而言，这些评价维度和空间元素，指引着街道内容和环境系统的建设。街道的设计不仅是街道本身，而且是基于高质量社会生活下的全要素设计与思考：街道的尺度如何营造步行的愉悦，两侧连续性商业界面和广告如何吸引着人们的进入，传统节日如何在街道中展开，街道的设施和家具如何鼓励着人们的社交，马路牙子、大树、光影在街道氛围营造中所起的作用。

我们可以想象，当我们有着迷人和成熟的街道时，一幅幅有生命力的生活场景似乎开始逐渐清晰地出现在我们眼前。在社区中，家楼下必定有一家小而美的生活超市，这里有着充满烟火气的菜市场，蔬菜、水果、牛排、海鲜看起来都是那么的新鲜；也有精致摆放的各类商品，从零食到美酒，一应俱全。当我们走出超市，转个弯便是一家咖啡厅和画廊，而街的对面有一家书店。来到熟悉的甜品店，我们总是会微笑着和店员打招呼，与偶遇的邻居相谈。

坐上社区的巴士，我们可以在社区里穿梭。在艺术感的凳子、有趣的儿童游乐设施、别致的景观之中，我们穿过一个个小森林和公园，看到老人在悠闲地散步，听到孩子们玩耍的欢声，还有人在公园里举办活动，热闹不已。

幸福是家的注解

"生活方式"是奥地利心理学家阿尔弗雷德·阿德勒（Alfred Adler）在1929年提出的，用来描述一个人选择的生活方式。现在被用来对不同消费群体的行为进行分类，因而有了更广泛的社会学意义。从那时起，"生活方式"也进入了政治、出版和营销的语言中。

当有人买房时，这是他们一生中最大的投资，他们寻找的不仅仅是一个居住的地方，更是他们想要的家园，以及对迫切的归属感和确立自己身份的生活方式做出的回应。在经济发展经历了农业经济、工业经济、服务经济等浪潮后，体验经济是最新的发展趋势。在体验经济下，我们消费的是无可替代的价值体验。那么，在体验时代，我们需要提供什么样的生活方式？

今天，在以各种美好生活方式为标签的居住社区中，我们所看到的家，是一个以厨房、卧室、客厅、卫生间、浴室、阳台这些词来标记的空间。很久以来，我们已经习惯于行列式的布局，习惯于家是由客厅、厨房、卫生间、卧室和阳台组成的，也习惯于100平方米可以做三房一厅。这是功能代替生活的逻辑，是生活方式被高度抽象为具体的功能、空间数量和尺寸。而其中具体的人、活动、地方经验、情感、欲望、故事、习俗等，这些被排除为"没有价值"的东西，却是构成家庭和个体更为复杂的系统和真实的生活的因素。

一个宜居的家，能够唤起人们心中的情绪与幸福感。而幸福发生往往取决于房子所能给予的体验以及提供一个可以陪伴的空间和自由的场所。在丰子恺的画中，厨房是家的中心，是一家人相聚的美好时间，也是中国人传统的记忆："晚饭后，父母子女，围坐案旁，父读信，母记账，子女温课。"传达出一家人生活的温度。所以，厨房不仅仅是一个做菜的地方，更是一处与家人培养感情、与朋友交际甚至学习的地方。阳台不仅承载了日常的晾晒活动，还是一处看风景的地方和家的花园。架空层不仅提供了雨天的活动，更是一处亲子、游戏、社交和观景的地方。中心的花园不仅是绿色的空间，更是日常生活叙事的场所……

我们需要重新思考人与房子的关系，以幸福之名，为我们的居所做新的注解。比如厨房是"幸福发生的地方"、客厅是"一家人的欢乐场"、阳台是"家的花园"、卫生间是"独处的情绪场所"、卧室是"能量的中心"等,让房子如同一件合体的衣服,柔软、舒适、温暖、自由、安全,包裹着你与家人。

正如原研哉所说:"栖居的进化虽然包括舒适度、安全性的提高,但归根结底体现的是人类对新生活方式的欲望,让人意识到原来可以这样生活。"

花园的乌托邦

16世纪,英国人文学者托马斯·莫尔(Thomas More)创造了"乌托邦"一词,指的是"乌有之乡"(Outopia)和"福地乐土"(Eutopia)。这两种截然相反的词意,恰恰说明了乌托邦的性质:它可能是现实中不存在的,但又是人类永远追寻的希望之地。

在文明诞生之初,人类就有建造花园的传统,花园是最古老的神秘主义的形式。花园从一开始就与乌托邦紧密联系在一起,人们往往将乌托邦思想投射进花园。从某种程度上而言,花园是一种哲学的创造。花园根据一种理想,或者意识形态的假设和对历史的感知来塑造自然。花园的目的不仅是提供给人们领略一种广泛意义上的美,更是表达了一种世界观和一种社会构想,也成为美好生活与理想道德模式的代名词。

西方的规则式园林是人们依据数学方式对大自然进行塑造，反映了唯理主义思想下人们对于理性世界和秩序的追求。一度流行的植物迷宫不仅反映了古罗马人对于几何数学的热衷，其迷宫的中心隐喻着世界的中心，这是神学和美学的统一。日式庭园以植物、山石、水、沙等为材料，追求人与自然的和谐意境，是禅宗思想的东方文化表达。英式花园则追求色彩的和谐和丰富植物的混合，在极力模仿自然的同时，展示了极为浪漫主义的思想，亦是对天堂理想的追求。中国的文人园是中国古代文人为了标榜某种高尚的情操，集琴、棋、书、画、品茗、饮酒、吟诗、赋词等高雅艺术于一身，寄理想于山水间，享园居之乐。

从西方到东方，从古到今，花园代表了最为美好的理想生活，也是艺术的集中体现。诗意地栖居，意味着我们需要去创造一个个花园，无论是为儿童打造的游戏花园、家庭采摘的农园、一个人发呆的静谧花园、疗愈的花园、提供下午茶的玫瑰花园，还是温室的冬季花园，都是家庭、朋友和邻居聚会与休闲的场所。人们可以在花园里举办各种园艺的活动、庆祝的表演、放松的音乐会和亲子的活动，让花园成为美好事件和内容的发生地。随着时光的推进，花园也将成为社区邻里的精神共同体，激发起共同呵护家园的使命。同样，无论是社区的花园中心、露台、阳台还是DIY的花园商店，都是不同形式和主题的花园。

家，也就在花园中，花园也成为家的所有内容。

案例

万科亚运村
万宁保利半岛一号
上海嘉定未来城
佳元·江畔锦御

理想的栖居,不是通过整齐划一的规划、崭新的建筑和人工的景观来进行定义,也不是一个地方到另一个地方的位移,而是人们可以按照自己的期待去实现田园牧歌般的生活场景;同时通过倾注大量的时间,与空间建立起亲密的感知,自然而然地将自己"安在当下"。真正的栖居是这里可以提供丰富的娱乐设施和各种独处的环境,让人们得到便利与放松,多元的文化及生活设施让人们获得快乐与满足,多样的商业形态和工作机会让人们获得便利与尊重——这样的栖居场景逐渐变成生活的磁场,不断吸引着新市民、本地居民、创业者、新创意人才和游客等的聚集,催生各种美好场景的诞生。诗意的栖居,意味着个体的生命可以和周围的世界发生共鸣,并产生积极的意义。

在亚运村绘一张"旅游地图"

社区中如何用策展思维呈现创意与思想？当社区的场景具备高度的情绪价值，便能引发住户的共鸣，从而焕发新的能量。策展思维可以通过为场景注入主题、赋予内容、组织流线，完成社区的意义与情感的交换。

今天，设计师已经开始越来越多地跨界策展，选取片段的生活素材，以"明天会更好"为展览主旨，去传递他们的设计理念，呈现美学价值。我们与万科合作的"光年产品"是一次关于"躺平时代"社会问题背景下的策展式设计，这是将场景作为展览的内容。而亚运村的"旅游地图"是联合多人的一次关于"新杭州"的高质量城市公共空间的展览，让城市基础设施成为展览的内容。

杭州亚运村作为第十九届亚运会的非竞赛场域而备受关注。亚运村在亚运会结束以后作为人们居住、工作和生活的场所。不同于以往的项目定位，杭州万科希望能将这里打造为一处高质量的城市公共空间，提供亚运和后亚运时期，人们旅游、休闲、社交、游戏、购物的"目的地"，为周边的人群和当地居民，提供有魅力的公共服务和公共环境。

亚运村内有一条以"滨水剧场+开放公园"为主要空间形态的超长河岸水景，这是最为核心的公共空间，我们希望为这里注入不同的内容和高情绪的价值，让功能转变为场景，场景承载主题和内容。

"共建"是将不同的人聚集在一起，共同投射其情感和智慧的一种行动。于是，我们和万科一起共同策划了一次特别的活动和事件，意在集结不同领域的专家和大师，共同打造亚运村里的城市景观和滨水景观，同时将这些具有特别含义的点位绘制成一张亚运村的"旅游地图"。结合场地的功能，我们为这里策划了十个景点，并以宋词描绘的极致风格为脉络，取其形意，赋予环绕在开放水岸的风光国韵新色。

　　"共建"活动中，我们邀约了杭州植物园的应求是老师在这里营造二十四节气的疗愈花园和疗愈日历；水生植物专家陈煜初种下亲自培养的冬荷品种"希陶飞雪""秋衣明裳""共婵娟"；自然科普老师果丁打造昆虫科普乐园；艺术家陈炜老师，将亚运系列延伸至"树箧子"上，以全新的形式呈现更立体的亚运风采；CRAZYWATER以艺术化的方式呈现不同水景氛围。希望在亚运会结束后，这张旅游地图不仅融入居民的日常生活中，还能使亚运村成为一处公共活动的城市空间、滨水地标和城市漫游目的地。

——万科亚运村

①我们为亚运村制作的插画，成为一张亚运村的"旅游地图"

②

③

④

⑤

②我们集结不同领域的专家和大师,串联起亚运村里的城市景观与滨水景观

③与杭州植物园应求是老师联合打造二十四节气互动科普地图,形成富有多样性的植物群落的疗愈花园

④与crazywater共同以艺术化的方式呈现不同水景氛围,为漫步于此的人们提供充满互动与乐趣的体验

⑤将陈炜老师的亚运插图转化为城市树箅子的纹样,成为杭州的记忆

"setting sail, setting style"

海南万宁与夏威夷同处于北纬18度，常年气温保持在24.5度，是联合国认证的"世界长寿之乡"，同时因其特有的绵长、有力、规律的海浪，被万宁政府打造为"世界冲浪胜地"。特有的资源，吸引了保利、中海、华润等大型开发商进入，决定在这里打造度假旅居目的地。老爷海度假生活圈，西起石梅湾，东至神州半岛，有着约20公里的绵长海岸线，保利万宁项目占据老爷海与外海相连的出海口。尽管依托"内外双海"的优势，但与中海、华润拥有的地块相比，缺失绵延的外海景色和沙滩资源，如何寻找差异化，形成比较优势，是项目的难点，也是机会点。

巧合的是，Lido码头村(Lido Marina Village)有着与保利万宁项目类似的情况——项目位于加利福尼亚州纽波特海滩的巴尔博亚半岛，它也位于与外海相连的出海口处，这里同样缺乏吸引力且有着出入不便的劣势。很多开发商试图对其进行改造，都没有取得成功。2014年，DJM公司取得这片土地的改造和开发权，通过市场调研，依据码头和内海的资源优势，创造性地提出"码头与购物"的理念，实现海上乘船进行购物的独特体验。这里的达菲电动船，不仅能体验有趣而独特的交通方式，更可以按照自己喜爱的风格预订船上的晚餐、举行派对与各种社交；定制的旅游地图可以指引游客到达不同的港口，享受美食与购物。建筑的更新则将视觉作为突破口，以色彩、标识、品牌，挖掘码头村的历史感。Lido码头村的独特定位与更新手段，让它成为加州购物与休闲目的地之一。

Lido码头村为保利万宁项目提供了一种不同以往的思路，内海的地理位置可以从不利因素转为优势资源，"码头与度假"的生活方式集成了码头生活、海岸线生活和船上生活，从而构建起项目的比较优势并形成独特的标签。我们的工作重点开始围绕滨海公园进行打造，这里是整个项目之所以成为旅居目的地的核心。滨海公园北起商业社交段，西至游艇码头段，东至全龄聚场段，它们共同交汇于一艘海上的"陆地游艇"——游艇中心。抵达海风入口，我们看到了海鸟装置翩然起舞，热闹的游鱼花街边林立着别致的海风餐厅、酒吧等，生活乐趣与美好时光等待着被探索。由商业街一路南下走到海岸边，可以邂逅浪漫海湾的社交中心——游艇会所。这里涵盖了游艇俱乐部、天空之境、冲浪模拟体验区、开放路演区、扬帆会客厅等功能，有着多层次的观景体验，交织成一处碧水银灯、蓝湾烟火的梦幻场所。往西走，我们来到游艇码头，从这里可以快捷出海，满足充满期待的渴望；便捷归港，体验满载而归的喜悦。在这里，从庄严的汽艇到时尚的摩托艇，可以感受海的一百张面孔，将自然美景与人造奢华融为一体。往东走是全龄海草乐园和疗愈的生态修复地，人们在这里自由奔跑，在沙滩上、绿地中，每一代人都会留下难忘的回忆。如同Lido的广告词，"setting sail,setting style"，来开启新的度假旅居生活。

——万宁保利半岛一号

海边营地
SEASIDE CAMPSITE

观鸟海岛
BIRD WATCHING ISLAND

婚礼草坪
WEDDING LAWN

样板庭院
MODEL COURTYARD

潮汐舞台
TIDAL STAGE

飞鸟集
STRAY BIRDS

三棵树
THREE TREES

海风露台
SEA BREEZE TERRACE

潮趣碗池
TRENDY BOWL POOL

雨林冲浪
RAINFOREST SURFING

桨板俱乐部
PADDLE BOARD CLUB

草间剧场
SAMA THEATER

潮汐滩涂
IDAL FLATS

海草迷宫
SEAGRASS MAZE

游艇码头
MARINA

滨海平台
MARINA TERRACE

流光泳池
TREAMER SWIMMING POOL

游艇会所
YACHT CLUB

海风广场
SEA BREEZE PLAZA

游鱼花街
YOUYUHUA STREET

一期社区
PHASE I COMMUNITY

二期社区
PHASE II COMMUNITY

三期社区
PHASE III COMMUNITY

①我们借鉴Lido 码头村的经验,以插画的方式展现未来生态海岸线上的"潮流烟火气+全龄生活集",开启新的
"setting sail,setting style"

②

③

②老爷海度假生活圈,西起石梅湾,东至神州半岛,约20公里的绵长海岸线,为海岸线生活和船上生活开启独特的style

③码头的电动船,不仅可体验有趣而独特的交通方式,更可以按照自己喜爱的风格预订船上的晚餐、举行派对与各种社交

④定制的旅游地图指引游客到达不同的港口,享受美食与购物

④

一场"老上海生活"的街道展览

上海是一座有着自己独特腔调的城市。这里的街道和里弄，为人们提供着丰富的体验：愉悦的社交尺度；鳞次栉比的店铺、咖啡馆和书店；人群步调悠闲，或聚或散；阳光透过树叶，光斑点点。如同电影《爱情神话》中的展现：咖啡的香味、精致的花园、纵横交错的里弄、无处不在的文化与艺术的展览，还有摩登男女踩着梧桐树的影子谈论着刚刚散场的音乐剧，这就是海派的生活在城市街道的上演。

嘉定上海未来城，由嘉定核心区内的6个地块组成，对于嘉定而言，这是一次重要的城市更新，也是对嘉定未来美好生活方式的一次实践，希望建成后的项目可以成为嘉定未来的城市样本。同样，这也是一次街区型和混合用地开发模式的创新，所有的商业、文化、工作和娱乐都围绕着街道而确立。

规划和设计的战略之一，便是打造"行人友好型城市和包容的街道"。规划以步行优先和可达性为原则来构建区域慢行系统，同时遵循共享街道模式，寻求人车在同一层面的和谐共存。道路的使用权得到重新分配，优先分配给步行和自行车，并压缩机动车的通行空间。步行优先的街道设计模式，在于减少机动车数量，尽可能地扩展和提高街道的使用效率，鼓励步行，鼓励生活与工作一体，满足更多使用者需求，让街道变得充满活力。

在步行优先的规划前提下，我们的工作重心是去营造街道的气质和场景，希望在嘉定未来城，可以延续上海海派文化的时尚与都市花园的精致。我们可以想象一种生活方式，这种生活方式是以步行为主的，步行生活不仅仅是为了健康、环保，也是享受城市生活的基础。街道让步行变得轻松、高效和令人愉悦。这里的街道容纳了咖啡店、超市、学校、办公室、作坊和商店，让日常生活回归鲜活与温情。买面包、遛狗、外出吃午餐、听街头艺人的演唱、去市场购物、晾晒衣物、烧烤、修自行车、在戏水池玩耍、在向阳的地方种植西红柿……大大小小的生活画面渐次舒展。

如何重构街道的场景？这次，我们同样以策展的方式来开启我们的设计工作。"老上海"的生活是我们的灵感起源和策展的主题。通过提炼老上海建筑的符号、百年老字号品牌的历史记忆、弄堂里的生活场景，将其融入各条街道的花园空间与标识，如家具、植物、坐椅、公共艺术等共同演绎关于老上海的生活，重新唤起这座城市的优雅与美好。

——上海嘉定未来城

外　街　标　识
OUTER STREET SIGNAGE

家　具　调　性
SPECIAL DESIGN

植　物　氛　围
SPECIAL DESIGN

内　街　标　识
INNER STREET SIGNAGE

材　料　选　择
SPECIAL DESIGN

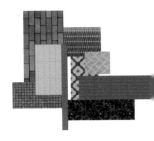

①从建筑的形式、百年老字号的元素、典型的生活事件中创造系列的符号，注入到街道花园的空间、标识、家具、植物、坐椅、公共艺术中，让属于街道的元素和生活成为展览的内容

238　**从土地到目的地**

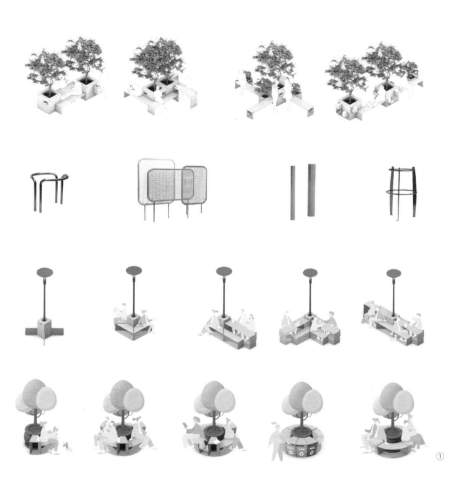

①

②

③

④

②摩登感的城市界面、花园感的街巷空
间，复刻上海小尺度街区的空间与氛围，
打造低碳、活力、智慧的未来城（图片来自
项目甲方）

③街道的场景

④我们将商业内街打造成超时空花园，从
花园里的下午茶到留声机与黄包车，从植
入上海味道的城市家具到个性化的花箱与
服务亭……

森林城市与垂直社区

"透过窗户能看到什么,决定了房子的价值"——爱德华·福斯特,《看得见风景的房间》

城市社区的开发从高质量的建成到今天讨论的第四代住宅,这是一个有着划时代意义的讨论,尽管今天的第四代住宅的原型因为各种规范和技术的问题,无法实现,但对于未来城市住宅的探讨、实践与反思有着现实的意义。高层住宅由于人口的积聚促使了对公共设施集合的需求增加,这是集中式公寓在今天仍然存在的价值,但高层住宅因为远离花园和庭院,使得生活被墙体围困,造成生活与自然的撕裂,家就仅仅成了一处安身之地。而在高周转的开发时期,由于标准化的产品,很多房子都成为"拒绝看风景"的建筑。

2014年,米兰"垂直森林"的建成,以一种先锋实践性的态度回应了未来建筑与生物多样性融合的建筑形态,不仅仅让建筑关注人类,更是关注了人与其他物种的关系。随后"垂直森林"也成为部分追梦开发者的理想。

佳元地产是海口本地的一家区域性开发商,20多年来一直以自己的方式努力造好房子。我们的合作开始于2002年。这次在海口南渡江

---

①我们希望在空中花园种植几十种上万株特定的植物,覆盖每个建筑的立面,帮助在炎热的气候中降低建筑的温度。建筑的中央公共空间"雨林谷",容纳了社区的美术馆、儿童馆、咖啡馆和各种休闲运动设施

①

沿岸的一个项目，佳园地产希望实现高层立体花园的理想，期望用花园来安置每一户家庭，并成为家庭的生活延伸。我们为此采用了独特的三芒星户型结构，三芒星的形状来自有机液体和动态几何形体，"Y"形向外放射的每一棱，都是一座拥有270度景观视野的独立大平层。错层设计庭院外延、3.6米悬挑景观露台、垂直绿化覆盖，以立体景观的渗透创造了一个三维的垂直森林，实现了超大空中花园360度围绕着建筑。

我们希望在空中花园种植几十种上万株特定的植物，覆盖每个建筑的立面，在炎热的气候中帮助建筑降低温度。建筑的中央公共空间"雨林谷"，容纳了社区的美术馆、儿童馆、咖啡馆和各种休闲运动设施。它证明了一个等式：人＝自然＝城市。建成后的社区如同一个巨大的垂直森林，三芒星建筑从枝叶繁茂、大树参天的森林中拔地而起。中心庭院的生态艺术长廊，让回家成为一场穿梭于自然光影与艺术之间的旅行。艺术主题泛会所、儿童活动场、休闲活动空间和各种社交空间，让空中花园里的家成为城市的风景。

——佳元·江畔锦御

②垂直绿化建筑打破传统居住方式，以森林为底盘"漂浮"在场地上空，建筑立面与建筑下地景通过覆盖的"森林"与环境紧密啮合

③空中垂直花园分析图

②

③

④

⑤

④生长中的城市森林

⑤三芒星的形状来自有机液体和动态几何形体。俯瞰呈"Y"形的建筑，向外放射的每一棱，即是一座270度景观视野的独立大平层

⑥采用错层设计，将庭院外延，3.6米悬挑景观露台、垂直绿化覆盖，以立体景观的渗透创造了一个三维的公共视角

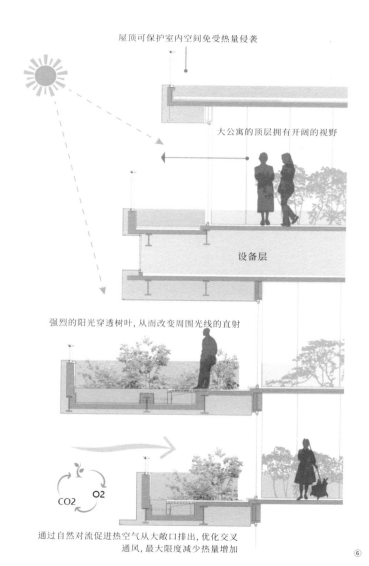

屋顶可保护室内空间免受热量侵袭

大公寓的顶层拥有开阔的视野

设备层

强烈的阳光穿透树叶,从而改变周围光线的直射

CO_2　O_2

通过自然对流促进热空气从大敞口排出,优化交叉
通风,最大限度减少热量增加

⑥

VILLAGE 乡村

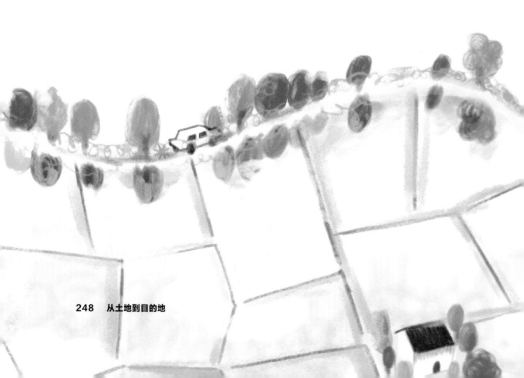

from
rural idyll to good
countryside

重塑乡村的价值，是让田园超越生产的意义，成为一种景观和文化，从而转化为诗意的日常。从生产到生活，从游历到栖居，乡村可以成为一种新型的社会空间和"目的地"，重新成为当代的"桃花源"。

问君何能尔,心远地自偏——晋·陶渊明

乡村,是所有人都绕不开的话题。

数千年来乡村社会一直是田园牧歌式的存在,无论是陶渊明的《桃花源记》、王维的《辋川集》,还是希腊诗人赫西俄德的《赫利孔山》,乡村生活成为一种人们对浪漫的描述与向往。今天,疫情改变了大部分人的行为,人们开始对生活现状反思,激发出对健康生活的向往,引导自己更多与自然和土地连接。同时自媒体关于乡村生活的渲染——在李子柒的视频中,乡村更是成为有着"仙气"的地方——是内卷的都市年轻人逃离城市的欲望,而乡村成为其首选"目的地"。

乡村果真如陶渊明笔下所描述的"采菊东篱下,悠然见南山"的理想田园一样吗?一个严酷的现实是,我们今天大多数的乡村,面临人口空心化、产业空心化和文化空心化的衰败景象。几十年的城市化建设,乡村已被割裂为奇异的景观:荒废的良田、倒塌的房屋和有着崭新面貌的楼房,交相呼应。乡村的传统空间、生活方式和生产方式在现实与理想间变得模糊不清。

根据第七次人口普查显示,居住在城镇的人口为90 199万,占63.89%;居住在乡村的人口为50 979万,占36.11%。如果把小城镇纳入更为广泛的乡村,那么,今天中国仍有近一半人口居住在乡村与城镇。无论是中央层面还是地方层面,都把乡村的三农问题作为工作的重中之重。从"美丽乡村""田园综合体"到"乡村振兴",是不同时期下的乡村政策和策略,希望以此来恢复乡村的活力,振兴乡村的产业,激活乡村的文化,从而构建城乡一体化下的循环经济。

如何振兴乡村?如何让乡村焕发新的美好?我们需要把乡村本身作为方法来看待,从乡土价值的视角,从城乡融合的机会,从未来新型生产关系的变化,以及从全球文化流动的思潮来思考乡村的未来。

乡村可以成为第一阵地

很多人说,今天没有乡村,只有农村。这是在乡土文化崩塌的背景下,对今天乡村的形容。乡村一旦剥离其乡土文化和历史传统,对于城市而言,乡村仅仅意味着生产的功能和陌生的物理空间。讨论乡村问题,我们有必要重新探讨乡土中国的社会。"乡土中国"最初以费孝通先生的书名而广泛地进入人们的视野,从基层上看,中国社会是乡土性的,而乡土文化也成为中国基层的乡村文化,深刻影响着我们的思想。

在《乡土重建》中,费孝通描述道:"漫漫历史中,出自乡村的文人、官员,更多的是生前即回乡——或卸任而还,或辞官而返,或遭贬黜而回,殊途同归。更有一直晴耕雨读、终老家乡者,代不乏人。这一群体绵延相续,为乡村社会保持着地方治理和发展所需的人力资源。这类人物,即便跃登龙门,身价百倍,也始终牵挂乡里,极少忘本。不惟不损蚀本乡元气,尤觉有更大责任,维护父老福祉,储备后世所需。修路、造桥、办学、息讼、敦伦……无不尽心竭力。"在这一段的描述中,我们不仅了解乡村在过去既是培育人才的地方,也是所有人最后的精神归宿,乡土文化在这样循环中,得以继承和发扬。今天,与之相对的是,乡村教育的衰落导致乡村不再成为培育人才的地方;而新的经济生产方式又驱使着人们离开故土。在这样恶性的循环下,空心化是乡村必然的结果。乡村的民俗、乡村的文化、乡村的生产劳作和传统技艺,随着人才、文化和产业的凋落,成为碎片。同时,承载着公共服务、社会整合、情感寄托、文化教育等社会功能的公共建筑,如祠堂、庙宇、学校等,再也无法成为村民们的精神寄托,乡村的文化也就被悬空和消亡了。

今天,为了恢复乡村的传统,地方政府再次作为公共空间建设的主导力量,重新对传统文化空间加以修缮,同时兴建乡村文化礼堂、乡村党群中心、乡村养老中心等新型的公共空间,希望为乡村注入传统与当下的文化力量。然而,当空间场所的使用者不再是空间的创造者,公共空间不再是乡村社会关系下的产物,大部分公共空间也就成为乡村的摆设。而"村改居"的政策,也让原本的公共空间从日常生活中分离,导致原本构成乡村空间结构、关系结构和精神结构的场所,如村口、池塘、河边、广场、祠堂、庙宇、戏台、晒谷场等不再是村民公共生活及邻里交往的地方。于是人们选择逃离其所信任的土地,形成精神上的流离失所。

乡土文化,从广义来讲,是乡土中国社会得以繁衍和发展的精神寄托,同时也是生活与生产的智慧和传统,是区别于其他文明的唯一特征。乡土文化包含了民俗风情、古建遗存、传说故事、名人传记、家族族谱、传统记忆、村规民约、空间肌理、古树名木,等等。这其中既有物质的,也有非物质的。狭义来讲,指的是具体村落在历史传统的发展中,沉淀下来的关于生活、生产和文化等方方面面的内容,也是一个地方区别于另一个地方的内容。

我们需要重塑乡土文化,让乡村成为第一阵地。

从地方志开始

地方志是关于一个地方自然环境、社会面貌的资料性著述,是别具特色的记述体裁,生动体现了一个地方的发展历史和文化内涵。今天在地方志的大家族里,小而美的村志也引发越来越多的关注。村志也从原来个体或社团自发编纂发展到地方志工作部门、学者参与、村民编纂相结合,成为一个显著的文化现象。

地方志,全面记述了乡村经济、生态、社会、文化的发展情况,是"乡村价值"全方位的承载和展示者。我们可以通过地方志,在乡村传统经济向现代经济转型发展轨迹中找回特色产业;从自然环境和生态的记述中找回生态的价值以及生态多样性;从乡村社会治理中找回传统乡村的治理经验,发展为新的治理结构和模式;从文化记载中找回关于民风习俗、乡情乡韵的故事,形成对于村落传统文化的理解。依据地方志,我们可以去重绘乡村的全貌。这将为我们的乡土重建找到脉络和方向。

重建乡土文化，不是基于建设的维度，而是需要通过"地方营造"的方法。所谓的"地方"是人们产生情感和依恋的场所。地方营造的本质是透过对环境的改变和各种事件与活动的发酵，重新找回地方的精神，构建起人与地方的关系、人与人的关系。所以，地方营造需要发动村民、外来者、地方主管部门等参与共建，在发掘"地方"及其文化中汲取养分；在文化再造中与场地产生有机交汇；在将"地方"作为社区生活的主体时，输出持续的活动、展览、影像，甚至出版物等。这与以往精英主义的方式是截然不同的，地方营造需要充分调动人们的热情，在吸纳地方知识与美学经验的同时，完成"地方"与"世界"的转译、"新"与"旧"的连接。

乡村旅游的"乡村性"

2019年，在新冠疫情全球暴发之前，世界旅游组织（UNWTO）预测，国际旅游年均增长达到5%，特别是发展中国家。疫情结束后的2023年，乡村旅游迎来了"报复式"的增长，成为经济中的最大亮点。疫情改变了大部分人的行为，人们开始渴望逃离城市，向往自然。未来，去游客相对较少的地方、去更接近自然和土地的地方、回到自己的故乡将成为旅游业的发展趋势，同时也为某些乡村创造更多就业机会，带来经济活力。

旅游业通常被视为乡村地区复兴的驱动力，特别是在传统农业价值正面临衰退的地方。因此,乡村旅游的发展策略主要集中在国内游客和城市周边的游客,围绕他们的需求进行经济结构的调整。然而,在乡村旅游火爆的当下,我们似乎没有耐心去梳理这些内容,而以"表演性"的景观来吸引游客,花海、玻璃栈桥、漂流、农家乐、稻草人等成为乡村文旅的标配。同样,我们也无暇顾及一个旅游目的地的配套需求和情感的诉求。比如,是否可以提供多样选择的住宿,卫生与健康的食物,严格优选的本地物产和手工艺品,真正提供提精神慰藉的空间,没有过多人工造作的景观等。

我们需要重新反思乡村的旅游。它不同于城市旅游、传统景区和主题乐园旅游,乡村性对于乡村旅游至关重要。乡村性对应下的乡村价值包含从生态景观、历史景观、文化景观、特色产业和传统技艺等,如何把这些转变为独特的内容和新型的体验方式?我们需要对乡村物质空间、社会空间和精神空间进行研究。物质空间包括建筑风格、田园特征、土地类型;社会空间包括聚会的场所、娱乐的场所、社交的场所,如戏台、水池、水井、村口大树等;精神空间包括民俗习惯和象征性的场所,如节日、宗祠、庙宇等。这三类空间分别对应了乡村生产、生活和文化的内容。乡村旅游的开发必须从重塑乡村的价值开始,通过注入新的内容,让这三类空间和今天广泛的社会主题联系在一起:促进亲密的关系、健康与疗愈、对田园的向往、孤独的缓解、能量的补充等,以新的社会价值和意义吸引人们到来。

乡村栖居新范式

今天，工作已不仅仅是单纯的劳动，越来越多的人将其视为实现自我的途径。科技的发展，使我们意识到，许多人工作所需的东西就是一张桌子和与互联网的链接。这导致人们可以在更多地方，更亲近自然的场所进行创作和办公。随着创意阶层的崛起，越来越多的创意工作者和新的数字游民与文化的游牧者，开始寻找适合他们的地方，希望在身心都能放松、享受休闲安逸的同时，精神也能高度集中，工作可以顺利开展。在这个时代的机遇下，乡村也可以成为新的阵地。

当我们重新寻回乡土文化时，乡村将再次成为人们的精神归宿。试想，当我们的工作、居住、娱乐、休闲可以与山林、溪流、田园、村落依傍时，乡村便构建起了一种崭新的居住与生产的场域。当一个现代的"桃花源"不再是一种遥远的理想，那么，如何在乡村田园风光的背景下，构建起这样的生活图景，从而实现人们的旅行、栖居、创作和学习的融合呢？

我们需要在保护原有的历史和风土人情的同时，将现代科技引入其中，从而构建起一种祥和、宁静和美好的旅居场所。今天位于杭州余杭区的青山村，是非景区型的村落，一大群年轻人在这里生活与工作，他们在这里共同做了许多有趣的尝试，包括自然学校、融设计图书馆、自然疗愈工作室、草竹艺坊、干花工作室、诺贝尔创新设计工坊、绿皮山工作室，等等，构建了一个共建共享型村落。青山村的故事起源于环境保护，在阿里巴巴公益基金会以及万象信托发起水源保护后，通过"自然好邻居"的计划,鼓励村民们将自己闲置的房子利用起来,并身体力行动员年轻人到来。随着越来越多年轻人进入,他们在此创业,在此居住,在此倾注大量的时间,便与空间建立起亲密的感知,并与之产生情感的共鸣,最终构建了今天青山村新的人文面貌,为乡村生活新范式提供了一个实践的样本。

空间生产,激活乡村意义

从生产到生活,从游历到栖居,乡村可以作为一种新型的社会空间。通过社区营造与自我组织的完善,形成有效的文化生产规范,获得身份的认同。凭借着千丝万缕的价值流动,乡村可以借由田园的理想实现人们对于生活、工作、学习与栖居的实现。我们希望今天的艺术与设计、互联网、农业、手工业、休闲产业、文化产业等诸多的先行者,可以在乡村的良田美池、桑竹溪流的田园理想中,通过对当地风物的发掘、对房屋和场所的更新,创造出新型的空间。这些空间不仅有着具体的功能,更是可以吸引人们进入和在此相遇的地方。

列斐伏尔(Henri Lefebvre)在《空间的生产》中说:"空间里弥漫着社会关系,它不仅被社会关系支持,也生产社会关系和被社会关系所生产。"可见,社会空间再造最主要是社会关系的再造,并维系稳定的社会关系结构。我们需要思考未来乡村新的社会关系和生产关系,通过空间的生产,重塑乡村新的社会关系,再造乡土价值。

我们试着构想乡村的新生活：

居住：这里的居住不仅仅是让人们获得充足的休息，同时还应能让人们切身感受身心所拥有的充实感。想象一下，当我们的居住与山林为伴、与水相依、以田为景的时候，人们来到这里，度过一段属于自己的时间，它不仅是以观光为目的，而是让你感受到身心深处的力量正在恢复，哪怕是一次深度的睡眠，这就是来此居住的目的。

阅读：书院或者书店，构建终身学习的社区，成为乡村新的精神之塔。实现在自然中的阅读和让阅读回归本身的价值。通过阅读，让大家汇聚于此，人们可以通过思考、记录、学习和讨论，建立开放、自由与对话的精神场所，激发文学和思想的生长。

展览与沙龙：开辟展览的空间，用于展示人们在这里的思考和关注，同时这里也是保持与外界联系的场所。在流动的社会集体之中，人们通过策展与研究进行思想的碰撞与交流，从而实现地方与世界的连接。

娱乐：小剧场、美术馆和多功能厅，将定期举办各种艺术展览、舞蹈演出、戏剧汇演。多功能的文化空间，适合村民与游客、外来者打造共同的节日，同时丰富娱乐的内容与形式。

兴趣社群：各种提供书画、古琴、茶道、花道、非遗手工艺的工作坊，不仅可以发展在地的民艺，同时也可以为农村留守人员提供基础技术辅导，将传统手工艺转为富有当地特色生活产品，更是繁荣了乡村的文化。

农场与学校：社区支持农业是实现人们与村民一起精耕细作，真正回归传统农耕的机会。农场不仅实现日常主食和副食的供应，为居民和访客提供健康的饮食和健康的生产，同时还将创建"自然学校"，把城市居民和观光客带到农场，将学校建到农田，以探究式和体验式的教育代替以往的说教式教育，同时让农场的成年人和儿童都能亲身参与有机农业、土壤保护、物质循环中。

市集：这是乡村烟火气的新场景。人们在这里，不仅可以第一时间采购到新鲜和当季的食物，同时可以体验食物的加工过程和生产过程，让美食成为中国人智慧生活的传承。

这些新空间不仅承载着乡村的新关系，同时也展示着新的价值和希望。乡村目的地，不仅仅是对于乡村传统的传承，更是基于当代生活和新的村民关系之上，重新思考生存与劳动、自然与文明、生命与社会政治之间的关系。让乡村重新成为当代的"桃花源"，让田园的诗意转化为日常的诗意，温暖和鼓励更多人的到来。我想，这是一种乌托邦式的理想，但也可能转变为现实。

案例

澥小白自然学校
嘉兴喜悦公社
传化未来乡村中心
成都星野田园
广州越秀风行国家田园综合体

乡村振兴是当下全球性的一个话题，在世界范围内，城乡二元发展的矛盾比比皆是。2020年雷姆·库哈斯在纽约古根海姆博物馆的展览《乡村，未来》中，把"乡村"作为建设未来的地方，也是乡村首次以这样的一种方式进入人们的视野。近年来许多设计师、投资者和运营者等纷纷投身于乡村，这种快速的介入，让很多无人问津的乡村一时间备受瞩目，乡村的命运也在发生很大变化，从封闭到融入，从落后到先锋，乡村逐渐成为第一阵地。

把一座乡村作为一所学校

"大自然蕴藏着尚未被我们所利用的丰富的能量，没有比大自然和人们的意志与智慧所创作的现实更大更全的大学了。"这是高尔基在《苏联记游》的一段话。今天"自然学校"的兴起，也正是回应了时代的需求，它使得我们不再将学习限制于某个地方，而是更多地让学习走进自然，走进文化，走进社会，走进田园，走进乡村，使得过程、生产、娱乐、旅行都成为广泛的学习内容，从而构建世界的图景，激发内在的源动力。

如何以研学为载体，带动乡村产业，在具体的地方资源下发展出充满愉悦体验的空间？孩子们在农业营地、植物苗圃、室内大棚、有机餐厅、演示厨房、自然集市……体验农耕生活，在以乡野田园为背景的探索与研究中，激发好奇心，透过自然教育与健康教育，重新发现最自然的学习方式。结合乡村自然禀赋的一系列课程和公益活动，吸引众多外地访客。这样一所面向公民的全年学习中心，重新连接乡村、人文、自然与生产，为乡村振兴探索不一样的路径。

2015年，我们开始开展自然教育的内容和活动，同样来自简单的初心，希望能将关于自然、文化、生态、在地、人文和建筑，转化为课程与活动，让人们去真实地触摸与探索，从而激发民众兴趣与关爱。2018年，我们和国内最大的酒店业品牌公司——开元集团进行合作，合作的目的是围绕"郑氏十七房景区"去构建全域的旅游。我们的合作从研学开始入手，通过研学将十七房的历史、人文、建筑的内容转化为系列的教育活动。

"郑氏十七房"，是国内保存较完整、规模最大的明清建筑群，也是"宁波帮"文化的发源地之一。这里走出了"老凤祥"的创始人，"英雄墨水"的创始人，同时也是一个有着女祠的地方，代表着女权。我们的研学基地正是与景区一路之隔，是有着3 000平方米的活动中心和150亩的农田，我们将这里改造为一所学校，一所古镇田野中的"自然学校"——"澥小白田园自然学校"。

学校诞生以后，我们开始基于一场场的活动、教学和亲子的体验，让更多的人走进这里，了解这里。随着不断延展教学的内容和研学的场景，开始将澥浦镇乃至镇海区囊括进我们的学校基地：古建群成为建筑学院，历史街区成为人文学院，商业街区成为商学院，田野成为农业学院……

研学作为全域旅游的内容和活动的抓手，其意义不仅限于研学和教育活动，更多的是成为在地内容和在地文化，让更多的人沉浸式地体验这个地方的文化、故事、生产和生态，促进"目的地"的形成和地方品牌的传播。

——澥小白自然学校

①150亩的"澥小白"农场是室外的教学区，这里有着大棚采摘、市民农园、马术部落和溪水乐园，带给孩子们沉浸式的自然实践体验

②孩子们期待亲自种下的蔬菜能快速生长

溯小白农场

· XIAOBA'S FARM ·

① 溯小白农场停车场 🅿️
② 溯小白农场出入口 🚪
③ 布阿菜园
④ 一座温室
⑤ LuLu集市
⑥ 太阳和果园
⑦ 小白乐园
⑧ 太阳和迷宫
⑨ 宠物和稻场
⑩ 蘑菇屋
⑪ 一湖垂钓园
⑫ 萌宠奶池
⑬ 咖啡贝壳唱乐部

①

②

稻田里的创客集群

2018年，在浙江嘉兴，一个叫作"喜悦公社"的项目，验证了乡村能够成为一种未来的美好生活方式，坚定了我们连接城市与乡村的信心。

"田园综合体"不同于"城市综合体"，没有固定的形式与画面，更多的是基于"一产+二产+三产"的概念与发展策略。"喜悦公社"原是农田中一处废弃的阳光玻璃温室，业主希望我们将这里改造为一处有意思的地方。这是一个开放性的命题。在几轮的头脑风暴中，我们产生了将这里打造为有着明确消费内容、消费产品和消费场景的田园综合体，如同城市中的消费综合体。于是有了"食集、市集和艺集"的功能与消费场景的设想。

设计的"第一变"，在于将简陋的农作物大棚"变身"为现代农业的加工和体验场所，是为"食集"。我们希望食集空间能提供丰富的农产品的"在地食用"，这里的有机蔬菜、麦沙拉、冷压果蔬汁等食材均来自建筑场外田地的即时采摘，以精简的制作工序保障轻食最佳的新鲜度，在第一时间还原当地农产品的美味。建筑设计首先强化了建筑的外部形象，几何序列的大棚坡屋顶和单元重复的元素，营造出独特的韵律感。攀援绿植为整个外立面赋予了浓浓"绿意"。

只有农产品的"食集"显然还不够。建筑师和公社业主都意识到一个更有价值的话题：如何与城市实现更多的"消费置换"。嘉兴距

①农业大棚里举办的活动场景

离上海、杭州、苏州三座大城市均只有一小时车程，这里有着城市不可比拟的阳光和绿意。但消费空间得以成立的前提之一，是城市对乡村的认同，这种认同不仅仅是情感上的，也依赖于物理空间的美学框架。于是我们在层高六米的空间里，以一米见方的结构单元堆叠形成立体景观，打造出开放而内向的购物场所，是为"市集"。设计的布局进一步从传统民居文化中提取"聚族而居"的村落概念，在整体空间的上方构建错落有致的活动空间，而下部作为辅助功能，提供聚会、接待、轻食加工等空间。

在"食集"和"市集"的基础上，最有难度的一步，在于挑战场地未来的某种新的可能性，是为"艺集"。在城市资本对乡土中国重新格式化的未来，中国农村的空间机会并不完全依赖农产品生产和城市人口的度假消费。只要有机会，中国乡村的真正魅力更可能来自基于农业特征的创意艺术产业——有产业才会有持续的人气，乐业安居才会进一步提升中国农村的环境品质。模数空间是整座有机农场的逻辑所在，也回应着现代主义从城市到乡村的影响力。

三个集市以情景化和抽象化的模式成为具体的内容和形式。

项目建成后，参与这项工作的其中一位员工，将这里选为他婚礼的举办地。"这是一种非常独特的人生体验，它不同于教堂、酒店的婚庆场所，这是稻田中的一场婚礼"——来自人们的评价。随后，这里成功举办了农产品当季发布会、手作文化节、轻食文化节、时装发布会，音乐会等活动，吸引了大批年轻人的关注，同时也鼓励着年轻人将这里作为他们创业的基地。作为"田园综合体"的乡村客厅，逐渐生长为创业的中心，这里展销的商品种类一度近1 000种，营业额达到1 000多万人民币。

——嘉兴喜悦公社

②改造后大棚的外立面
③数码化的"室内梯田"，成为商品展示和活动的场所
④自开放以来，已经成功举办了手作文化节、轻食文化节等活动，带给人们全新的消费和互动体验

②

③

④

未来乡村客厅

嘉兴喜悦公社的成功，证实了乡村可以将自己作为一种方法。当城市与乡村实现紧密的连接后，可以有自由的想象。2023年，传化集团在乡村振兴的号召下，选择杭州萧山区的浦阳乡，以三生共融的方式振兴这里的三个乡村（谢家村、径游村、安山村），统称为"谢径安和美乡村"。而计划的第一步是希望可以去建一处未来乡村中心，把城里人引下乡、把乡里货卖进城，成为城市和乡村连接的锚点与乡村品牌和文化的窗口。

如何实现"这是一个政府倡导的、传化能做的、老百姓所期待的乡村中心"成为这个项目的课题。

不同于喜悦公社的单一市集模式，我们希望这里可以有着更为完整的功能和体验。未来乡村中心作为先行区，是集公共服务、产业孵化、培训教育、众创办公及主题商业为一体的乡村综合体，目标是让谢径安三村村民能够享受到与城市居民一样的生活品质。

结合传化本身的兰花产业、日用化工产业和拥有发达的公路港物流平台，我们在一楼共建了"乡村会客厅+乡传好物馆+供应链中心+萌宠餐厅+乡味烘焙店+乡民中心"六个内容。如此，它构建了优秀的生产者、在地村民和周边游客的连接。对于优秀生产者，严选产品与服务，同时给他们提供一线市场的需求。对于在地村民和旅客，推广文化与产物，同时给他们提供生活观光资讯。

这样的中间平台，既是在地品牌的伙伴，协助品牌价值重建；也是地区魅力发声的通路，展现产品背后的在地温度。

——传化未来乡村中心

①未来乡村中心的物流港，人们可以看到选购的商品从这里发出

②

③

④

②乡村中心的谷仓中庭,成为集市、活动和展览的空间

③"乡传好物"的零售店,人们在此自由选购

④未来乡村展厅,是城市和乡村连接的锚点与乡村品牌和文化的窗口

关于田园城市的一次实践

随着城市的扩张，近郊的乡村开始具备城市和商业的价值，乡村田园也具备了与城市融合的可能。星野田园项目位于成都天府新区，青龙河之畔。在城市的扩张中，这个有着2 000亩左右的农业用地成为城市中的田园，也让项目有了更为宏大的愿景。开发者张总一直从事农业生产和农文旅的开发，他希望将这里打造为集商业、办公、农业生产与度假为一体的田园综合体，成为当代田园城市的样本。

成都作为集体土地入市的试点城市，明确要规范有序推进农村集体经营性建设用地直接入市，统筹调剂城乡建设用地增减挂钩结余指标等措施，是城市都市圈发展中的一项重要改革措施。星野田园项目由此分批次取得集体的建设土地，为田园综合体的打造提供了土地和制度的保障。我们营造的重点是"田园+"的新型生活方式，让田园的生产成为日常的景观；田园中的工作与办公促进创意产业的发展；田园中的购物，让健康食物和美食教育成为未来城市的美好生活内容。科技与田园的融合，实现可持续的生产，而梯田、湿地、果园、林盘和花海则是田园生活的地景。我们希望这个项目不仅可以进一步促进集体土地入市的制度，更希望在乡村振兴和城市更新的今天，探索基于城乡融合下的城市发展的未来。

——成都星野田园

①从休闲的廊道处一览梯田的景观
②川西林盘，星罗棋布于川西平原之上，是集林地、民居、农田三者为一体的特色生态聚落
③稻田里的景观

①

②

③

竹子 BAMBOO　　　　　　　　水道 WATERWAY　　　　　　　田地 BIG FIELD/SETTLE

(Characteristic plant species)

④2 300亩的"都市绿肺",意在结合极具当地传统智慧的林盘群落生态格局,构建都市中具有地缘特色的低碳生活、节能减排典范,展望四川独有的未来农耕生活形态,同时创造更多就业机会

梯田 TERRACE   森林/果园 FOREST/ORCHARD

生物多样性修复
BIODIVERSITY RESTORATION

④

乡村 VILLAGE   275

超级奶牛乐园

在振兴乡村的号召下，作为广州最大的国企之一，越秀集团在广州鳌头镇横江村主导实施的国际级田园综合体，不仅是乡村振兴的一次实践，也是企业如何基于乡村振兴的多元突破。鳌头镇有着天然的牧场资源和特色的奶牛产业，其中广州华美牛奶有限公司在这里有着1 600亩牧场和3 500头国家良种奶牛。越秀田园综合体的打造，就以此为核心，以龙潭风情街为首开区，同时辐射带动周边龙潭、乌石、横江等村的协同发展。

奶牛养殖业，对于城市的家庭而言，有着天然的吸引力。我们每天不仅喝着牛奶、吃着牛奶加工的食物，牛奶成为一种健康食物的代表。越秀田园综合体的打造，显然就以牧场和奶牛为核心，围绕这个核心，构建起娱乐、度假、健康、学习、购物的内容，成为乡村的"目的地"。我们的策略同样从品牌开始，并以故事内容串联所有的体验。"超级奶牛乐园"是我们基于感性和体验的定义，也是项目的核心标签。在这个标签下，所有的时空体验围绕这个主题开展，从入口界面的牧民村，中心的牧野集镇、奶牛乐园、奶牛研究所，到星空营地，构建了一个"目的地"功能完善和丰富的体验场景。越秀田园综合体的案例，为有着自身独特产业的乡村如何成为乡村目的地，提供了一种方法和示范的效应。

——广州越秀风行国家田园综合体

①超级奶牛乐园的整体鸟瞰图
②奶牛乐园的入口
③人们透过住宿的窗口，欣赏牧场的风景

①

②

③

④田园综合体的旅游地图。在这里，孩子们认识奶牛，了解餐桌上牛奶的来源，一切未知的新鲜体验，无形中帮助他们拓展价值观

房车营地
Campsite

中心
center

品酒店
que hotel

麻园村商业广场
Commercial Plaza

田园艺术
Pastoral art

④

CITY 城市

cities of the future

未来,场景将引发城市空间的发展。城市的美好生活指向特定和具体的内容,如数字化、出行、创业、生态、文化和教育等。一个城市所能提供的美好场景的集中程度,决定着人们去哪里生活,去哪里工作。

世界各地的城市正在以前所未有的速度发展。如今，世界上一半以上的人口居住在城市。随着越来越多的人涌入城市寻找机会和更好的生活，预计到2060年，世界可能完全城市化，80%以上的人口居住在城市。快速的城市化给城市带来了非凡的挑战和巨大的机遇。为了繁荣发展，城市必须找到适应新挑战并发挥自身优势的方法。

然而，今天城市面临的如自然资源的枯竭、生物多样性的减少、气候变化、市民健康的威胁、工作机会的减少、创新消退等问题，是对确保所有居民生活质量和平等机会方面的社会和经济的挑战。同时，城市是大尺度的经济体，但是城市的快速发展往往是对自然资源的极大损耗，而当一座城市、一个区域的产业格局出现变化时，城市发展如果不能积极地加以调和改善，就会出现循环发展的瓶颈。城市的可持续发展致力于为现有人们提供环境、社会和经济的健康发展和有弹性的栖居地，确保城市可以再次提供高质量的生活。我们在面向可持续发展目的地的设计中，最先考虑的就是当地经济实体的可循环性和可延续性，并且对复杂的业态策划给出前瞻性的建议。

城市的可持续发展是一个宏大的命题。一个多世纪以来，人们都在努力探索关于未来城市的各种设想，并试着从空间生产、规划意识形态、社会景观层面提出新的发展范式，希望在固有文化生产关系下，重塑城市的价值和意义。从霍华德将资本主义改造成无数个合作公社的"田园之城"、莱特基于公路的"广亩之城"、勒·柯布西耶那种综合了多种功能的现代摩天大楼群"光辉之城"，到当代纽约、东京、伦敦以金融服务业为中心的"褪色的盛世之城"，这些都不是城市的解药。那我们该如何去创造新的发展模式？一直以来，人们讨论可持续，更多的是围绕着气候、碳排放、能源、污染、战争等问题。但作为发展中国家的中国而言，经济的发展仍然是面临的最大课题，何况我们还有很多城市仍处于经济的衰退中。近30年的城市化建设中，一方面，我们在追求GDP的单一经济维度下，取得了光鲜的数据；另一方面，城市在无序的扩张中，陷入发展的困境，城市变得越来越不宜居和不可持续。我们不得不在一路狂奔中，思考未来的发展模式。我们需要在时代的趋势中和世界的格局下，找到新的坐标和方位。

创意阶层的崛起

今天，我们这个时代正经历着工业社会的巨变，有些人称为"后工业时代""后资本主义时代"或者"后物质时代"，这是人们对于这个世界变化的强烈感受，但究竟是怎么样的一种变化，我们似乎未能达成共识。而2002年理查德·弗罗里达（Richard Florida）《创意阶层的崛起》的出版，引发了巨大的波澜。在他看来，工业社会正转入一种创新性的经济模式，即创造性成为经济发展的主要动力。一个社会越能激发成员的创造潜力，就会变得越繁荣昌盛。同时他还明确提出，当前的时代是一个创意推动经济发展的时代。而在这个时代下，迎来了一个新的社会阶层——创意阶层，即以创意性工作为主要收入来源的就业者。创意阶层包含着"超级创意核心"，由科学家、工程师、金融家、建筑设计师、作家、音乐家等人士构成，创意阶层促进后工业时代正在朝向一种创新性的经济模式转变,但主角由原来的工业阶层的商人和工厂主,变成了"创意的提供者"。同时创意阶层不一定是要受过高等教育的人,任何人,只要有创意的想法,能持续不断地为社会通过脑力方式提供价值,都能归入创意阶层,比如传统服务业的理发师、饭馆的厨师等。因此创意阶层不同于传统的"知识工作者"和"专业人员",他们的共同特征,是创新精神。

尽管创意阶层的理论还有待完善,但弗罗里达开创的研究领域,却已经被很多城市用来应对未来发展。对于今天中国的城市而言,我们需要从工业社会发展的逻辑中走出来,关注人才的流动和创意力量对于城市发展的推动。工业化的标志是现代社会将人类从土地的束缚中解放出来,推动从乡村到城市的大规模移民,以创新为标志的后工业时代,以及创新阶层的崛起。人们不再依赖固有的城市和土地,而成为新时代的"游牧者",过着游走于都市间的迁移生活。在创意经济时代,一方面可以选择居住的城市越来越多,城市面临着激烈的竞争;另一方面,社会的主流价值观也会发生重大变化,富有创造性的工作将成为人们追求的目标。今天,许多城市把竞争力聚焦在人口的流入和人才的竞争上,这些年轻而有才华的应届大学毕业生,不仅是形成一个地方"创意阶层"的中坚力量,更是促进地方活力的源泉。然而,这些群体选择一个地方带有明显的偶然性,那么这个偶然性往往取决于什么?究竟是什么吸引着他们?

以特里·尼科尔斯·克拉克(Terry N. Clark)和丹尼尔·亚伦·西尔(Daniel Aaron Silver)为代表的芝加哥学派在《场景:空间品质如何塑

造生活》一书中，提出了场景理论。所谓的场景指的是一个地方的整体文化风格或美学特征。他们提出：今天消费取代了生产，消费方式取代了原有的生产关系，场景把消费组织成有意义的社会形式。城市的美好生活也转向了特定和具体的消费场景。一个城市的消费集中程度和所能提供的消费场景也决定着人们去哪里生活、去哪里工作。场景理论的学术价值，为我们勾勒出知识经济时代下的城市发展内生动力来源，并建立了创新创意阶层与城市发展的因果关系。这不仅有助于打造创意城市的环境氛围，更是引导了城市的公众行为。

目的地经济

在工业社会向知识经济发展的背景下，创新创意经济的兴起，使得未来城市的发展逻辑发生了根本的变化。在工业时期更多的是以生产导向和工业逻辑来营造城市，而后者更多从生活导向和人本逻辑来营造城市，我们需要新的视角来理解和把握知识经济时代下城市发展的新逻辑。城市如何回应新时代下的需求？我们不得不面临着一系列新的课题：如何从政策、规划、空间、场景、内容等方面鼓励和支持创意产业的发展，同时如何在包括知识、创新、信任、邻里、回忆、归属等领域关照创意阶层的新需求和新内容？

传统生产驱动模式往往将个体行动的目标定位于经济诉求，将劳动、土地、资金等视为推动城市发展的核心因素。而消费的驱动，立足于重新建立更加符合人与城市发展的生态思维,实现城市驱动模型从空间层面走入社会生活层面,创造出每一个城市居民的人生价值,并使其生产与生活方式充满安全感与幸福感。在后物质时代,人们的消费需求已经从吃穿住用转向以安全、享受、娱乐、健康、求知为诉求的美好生活,进一步激发了人们对生动文化消费体验的需求。面向美好生活,如何创造一种城市文化艺术、娱乐休闲和居民日常行为交互式的场景,让居民在日常的生活中,感受到城市散发的气质,将城市作为生活的"目的地"。

城市更新在今天被用来激活周边的活力,同时嵌入新的业态、内容、活动以及文化的意义,改变人们的态度和行为,影响着社会生活,以及重新定义城市的发展。城市更新从大规模更新转向针灸式更新,从重建式更新转向修补式更新,从物理空间更新转向内容和场景的更新,从地景式更新转向以街区和社区为代表的生活空间更新。而城市传统空间中的街巷、弄堂等小尺度的空间被认为是真实性的地理文化,通过赋予更加灵活的功能,成为文化更为多样的空间;口袋公园在城市化的空间挤压下,也得以成为城市活力的策源地;旧工业区、商业区在创意营造的氛围下,往往被改建为富有个性的创意园区、艺术公园,吸引并聚集了大量的居民;城市公共空间也开始从远离市区的大尺度单体建筑,逐步回归到小尺度的复合空间,并嵌入城市居民的日常生活图景中。

从场所的建造到场景的营造,催生着一个个"目的地"的诞生,让更多的建筑物和空间,成为文化价值观下的社会场景,不同的文化价值观影响着人的消费行为甚至是生活方式。这同时也是避免城镇同质化发展,实现公共服务式创新的有效手段。将人的需求链接进公共空间中,以人的文化活动、创造行动激励公共空间产生创意氛围。场景的真实性、戏剧性和合法性让面对面的交流产生碰撞,释放创新的价值。

LWP (live-work-play)带来城市生活的灵感

新城市主义是20世纪90年代初针对北美城市化问题而形成的一种城市规划和发展理念,主张回归美国小城镇和城镇规划的优秀传统,塑造具有城镇生活氛围和紧凑的社区,用以取代城市无限度向郊区蔓延的发展模式。它强调以人为中心,尊重历史与自然,新城市主义主张建立以公共交通为中枢的步行化城区,以公交站为中心,以400—800米或5—10分钟步行距离为半径,建立集工作、商业、文化、教育、高居住密度等功能为一体的城区,实现各个城市组团紧凑布局的协调发展模式。

新城市主义的重点在于城市邻里空间的塑造,打破现代城市体系简单化的功能分区,回归传统的社区邻里生活方式,强调交往空间、邻里单元和传统街坊的重要性。以公共交通为导向的"TOD"城市设计,是新城市主义下的城市发展模式,它不仅实现了城市的效率,更是基于健康与可持续性下的一种未来城市生活方式。TOD的综合开发模式可以形成"网格化、多中心、组团式、集约型"的城市空间体系,打造产业、住宅、商业、办公、医疗、教育、娱乐等多重业态;拥有完善的内外循环的有机城市,再造生态、人文、健康、便捷和智慧的城市空间。

新城市主义的兴起，不仅代表着回归城市中心浪潮的开始，同时也是对于"村落效应"的回应，它关注高质量的公共空间，以步行尺度和人的尺度，构建人们的日常生活，创造城市的归属感和真正的社区。

LWP（live-work-play，是融合生活、工作、娱乐的混合型社区的开发模式）不仅是对新城市主义的回应，更是让人们对城市高质量生活场景有了更多个性化的理解——既融合了生活、娱乐、工作、购物、学习等具体的空间和场景，也拥有了共享生活系统所带来的人情与活力。来自TOP创新区研究院的一篇文章描述：过去的十年里，住宅、办公和零售空间的混合LWP社区已从一个小众市场，逐渐发展成为一种时尚趋势和全新的生活方式。各种类型的住宅满足不同居民的需求。多元化的零售娱乐艺术空间，包括大量零售商店、超市、餐厅、咖啡馆、服装精品店、工匠坊、画廊、美甲美容店、艺术画廊、电影院、城市农场……为居民提供了休闲娱乐的好去处。而适配大型公司、共享办公空间和专门的孵化器空间，更是让家成为一个理想的工作场所。

LWP代表的是一种生活方式，LWP让居民通过步行或骑自行车，轻松找到社区中的教育机构、医疗保健点、杂货店、娱乐公园和工作空间。有调查表明，全世界的年轻人都更青睐城市的活力与多元，而一个有魅力的城市是非常复杂的生态系统，它的魅力来源于多元混合。这不是一种简单的堆砌和合并，是基于区域整体氛围的和谐发展理念：多元混合的设计策略带来更丰富、独特、有趣和安全的场景体验，它自然而然地促进了人们的连接，也为人们的创新带来了更多的灵感，这些又吸引了更多的人才与产业，形成良性循环。

步行体验，阅读城市

缺乏体力活动的现代生活是导致慢性疾病迅速增加的直接原因之一。因此，围绕着营造积极的生活方式产生了"积极的城市规划设计"。这并非是一种新兴的规划理论和方法，而是以健康为导向的思路，从增加人们的日常体力活力，增进人们身心健康水平的具体目标出发，在城市规划和设计的方方面面进行反思和探讨，切实地改善建成环境，达到促进公共健康、提供生活品质的目的。

如何去重塑一个有助于体力活动和健康的现有环境，从而影响个人、家庭以及社区的健康？WHO（世界卫生组织）、欧美等国家纷纷出台鼓励及促进体力活动的设计导则。尽管各个国家与机构从不同角度出发，但重心都围绕土地利用、街道连接、慢行环境、公共空间、环境设施和社会环境等方面展开。支持步行和骑自行车的主动交通出行方式，并提供安全与适宜的路线和设施；建设高品质的公共空间吸引和鼓励居民参与积极的生活；在社区尺度下实现多种多样的土地混合利用，形成多样的公共场所，促进市民积极生活；使用公共交通扩展主动交通模式的范围，形成有效连接邻里、城市和区域范围路线的交通网络等，已经成为世界范围内越来越普遍的规划基本纲领。

随着步行体验的回归，我们也更为重视身边的公园与花园。今天很多城市已经从巨构型的公园与绿地建设走向身边口袋公园的打造，希望将口袋公园作为一项城市更新，促进高质量的社会生活和15分钟生活圈的计划，去缝补城市的自然、生活和社会。口袋公园是城市的第三空间，街边绿地、街角广场、楼下的花园、建筑之间的缝隙，都可以成为口袋花园，人们可以轻松抵达并在其间进行剧场演艺、户外健身、游戏互动、社交休憩……口袋公园计划不仅意味着一个个小尺度公园的建设，更是依据周边居民的需求和习惯，去策划内容，并设计运营模式，是城市公共空间基于社会意义下的一次革新。未来城市，传统意义上的公园不复存在。公园将被重新定义成一系列的空间特性和生活方式，将我们的城市连接成为一个新意义上的超级公园。

城市HUB与多触角网络

HUB是数据通信系统中的基础传输设备集线器，被广泛应用到各种网络链接环境。城市HUB则是关于城市活力连接的每一个节点，TOD、集市、街区、市场……都是连接的触手。地铁、公交等公共设施是城市的出行HUB，串联着城市的交通。今天，地铁出行成为城市生活的一部分，地铁沿线出入口区域的公共空间，就成为城市价值、城市文化的"生活锚点"。在丰富的出行场景中，与城市的每一个时空故事相连接，重塑人们与城市的关系。

散落在城市各个角落的开放空间是城市的活力HUB，串联着城市的生活。

从早晨出门通勤上班的通畅程度，到随意漫步时街边的林荫道，从随意可以落脚休憩的路边座椅和广场上活动的人数，到夜生活的丰富指数，甚至是街道上的狗屎数量——狗屎多的地方意味着遛狗的人喜欢走，间接说明社区道路的可步行性，而遛狗活跃的地方，往往又能反映出社区公共生活的交往节点。一天之中可以在城市里遭遇的细节指标就如同渐次展开的光谱，连接一座城市的活力与生活节点。各种文化与商业设施是城市的情感HUB，串联着城市的文化。文化散落在广场、街头、茶馆与市场中，它是一场持久而精彩的对话，如同传唱的歌曲"走到玉林路尽头，坐在小酒馆的门口"——玉林路一度成为成都的名片，当地人们拥抱它，游客寻找它，文人迷恋它。

TOD作为未来城市的开发模式是城市的可持续HUB，串联着城市的系统。从伦敦金丝雀码头到米兰新门加里巴第区，从旧金山环湾新区到国王十字街区，TOD编织着未来城市的生活、复兴城市的活力。所有的HUB都是城市的重要节点，串联起人们日常的出行场景、娱乐场景和社交场景。如何将社会意义融入这些真实的触点，在很大程度上影响着人们对于一座城市的体验。而一个有趣的体验，是城市的核心竞争力之一。

从儿童友好到全龄友好

今天城市的设计和规划，很少从儿童和老年人的角度想象未来城市的愿望。在有关"智慧城市"的报道中，很少或根本没有提及生活在城市中的各种不同年龄群体的需求，这不仅仅是今天众多城市在设计基础设施时的疏忽，也是塑造未来城市想象力的严重缺失。城市如何更好地满足年老的一代和最年轻的一代，是打造全龄友好城市迫在眉睫的问题。因此，我们的城市在如何建立代际信任、鼓励跨代相遇、重新想象住房、创建适合所有年龄段的交通系统等方面，急需开展最富有想象力的工作，同时，也是城市在面对未来可持续发展中可以胜出的机会。今天，很多城市开始把儿童友好型城市的建设作为未来城市的建设重点，但关于全龄友好，我们可以有更多的作为和机会。

可持续发展目的地的打造，更为关注从宜居、宜业到宜游的建设，让城市生活重回美好，成为人们消费、工作和生活的"目的地"。我们需要把目的地效应和与之对应的目的地经济，如同教育、收入、人口、健康等这些公共领域长期关注的问题一样，作为公共政策分析的对象和未来城市考量的重要因素。

世界的扁平化和全球的资本主义已经给众多有特色的城市和地方构成了威胁，我们面临着一系列关于公民身份认同、地方经济不振的问题。我们希望可以围绕目的地经济的研究，以"目的地"为方法，促进城市的可持续发展，增强对人才的吸引力，建立强有力的社区，促使地方成为品牌，并增强人们的归属感。

案例

高质量的生活方式来源于平凡的事物，比如更方便过马路的路线，更好的等候公交的方式，更愉悦的出行，更适合儿童玩耍的场所，更适合步行的街道：这些将是吸引人们到来的关键。美国艺术家梅顿·戈拉瑟 (Milton Glaser) 在1977年设计了"I love NY"的LOGO之后，就成了纽约城市旅游宣传的口号，同时也在情感层面表达了当地人对纽约这座城市的喜爱与自豪。未来的城市需要以人性化的维度、人的尺度和人类的速度，去建造各种生活设施，发展自己的文化和城市的美学，并能够以一个基于特殊的、难忘的和情感共鸣的体验，与来这里居住的人和来这里玩的人保持联系。

柔性城市，岱山样板

"小街区，慢路网"是我们对岱山未来社区的设想。岱山山外未来社区，是高亭镇老城区内的一块土地，北依磨盘山，南临海湾，西侧是老城的生活中心。我们规划的目标不仅是去建设一个高标准的居住社区，更是希望以此为契机，构建岱山的未来生活画面，吸引岛内和岛外居民在这里集聚、生活、工作和娱乐，从而带动周边区域的活力。

"一个伟大的城市，必须有着伟大的街道。"让街道去承载所有人的生活和理想，是规划的基本愿景。于是，我们以两条核心街道将地块分割成四个街区：南北向的街道连接磨盘山，往南穿越，直接连接大海，这是一条关于文化、山水和风景的街道，也是周边区域的山水轴线；东西向的街道连接了西侧的老城生活，使得老城生活在此得到延续和发展，这是一条生活的轴线，承载着理想生活的愿景。围绕街道的生活，我们将文体、教育、娱乐、市集、医疗、公园、创意办公，散落在街角和街道的中心，让烟火气成为街道的内容，让街道重新回归社交、娱乐、生活和工作的场所，演绎着24小时不落幕的生活剧。

我们努力敦促建筑师在公共空间和设施的设计，这是鼓励社交和培养社区精神的关键。因此，走廊和大堂被扩大，成为人们可以逗留和聊天的地方。

——岱山未来社区

①

①贯穿南北的大尺度步行街区，既用最直接有效的方式衔接了山海景观，也为未来诸多场景与活动提供了发生地，成为整个社区的文化活力轴

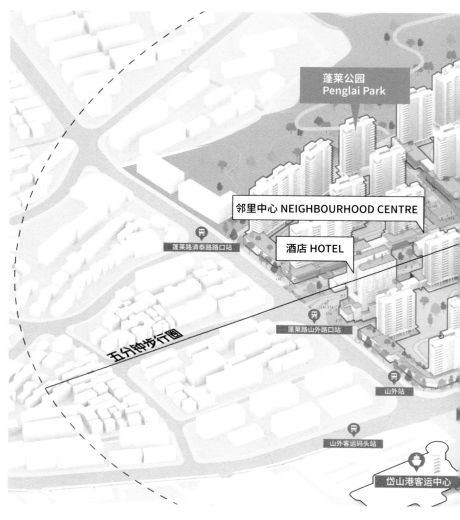

蓬莱公园
Penglai Park

邻里中心 NEIGHBOURHOOD CENTRE

酒店 HOTEL

蓬莱路清泰路路口站

五分钟步行圈

蓬莱路山外路口站

山外站

山外客运码头站

岱山港客运中心

②未来社区规划图

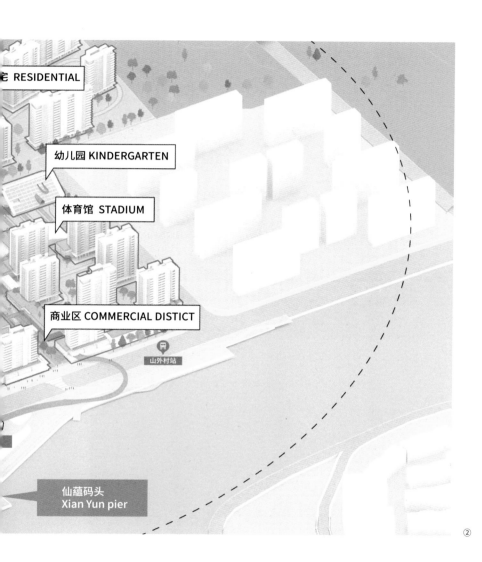

宅 RESIDENTIAL

幼儿园 KINDERGARTEN

体育馆 STADIUM

商业区 COMMERCIAL DISTICT

山外村站

仙蕴码头
Xian Yun pier

②

③

④

③从海的方向看未来社区的天际线

④社区街道中的星期天

⑤这里的公共建筑有着立体的花园,成为
垂直的森林城市

298 从土地到目的地

运河在拱宸桥画了三个圈

2021年，杭州市全面推进儿童友好城市建设，围绕政策友好、服务友好、权利友好、空间友好、环境友好这五个友好展开，打造儿童"可感可知"的友好幸福场景。桥西儿童友好街区作为杭州第一个儿童友好街区，总面积20万平方米，由西岸国际艺术园区、桥西历史文化街区、宁波路美好生活街区三部分组成，并由宸运绿道把公园绿地、文化遗产、市井生活有机串联起来，形成以大运河文化为特质的儿童友好空间。

①

①以"运河画了三个圈"为理念，将拱桥的三个桥洞比喻成"自然""文化""生活"三个圈，把公园绿地、文化遗产、市井生活有机串联起来

我们的灵感来自大运河上的拱宸桥倒影在运河水面上形成的三个圈。在小朋友的眼里，这是运河画下的三个圈，描绘着自然、文化和生活的故事。

儿童友好并不意味着需要去建设更多的游乐场和娱乐设施，而是更多地去倾听孩子的声音，更多地去关注儿童基础设施以及日常自由活动的空间，并营造出全社会对于儿童的关爱氛围。我们和拱宸街道一起走进幼儿园、小学，邀请儿童观察团共同参与、协商、决策，倾听孩子们的美丽想法。当我们俯下身子，以儿童的视角看世界，我们提出了"一米策略"：

"一米高度"看运河（导视系统、法制长廊、浙江省第一盏电灯、微缩运河）：让儿童参与到街区的建设中，以一米高的儿童视角打造便捷、舒适、包容的设施，从一米导览图、一米指示牌到一米作品展，让孩子无处不感受到儿童友好空间带来的快乐。

"一米森林"触摸自然（拱拱小剧场、椅子博物馆、星星花园）：引导孩子去主动探索大运河珍藏的大自然的诸多秘密，通过互动和游戏的方式鼓励孩子多接触大自然，与大自然成为好朋友，学会珍惜、保护大自然，并收获自然科普的知识。

"一米生活"感受市井（微缩拱宸、共享长桌、时光驿站、趣味乐园）：宁波路美好生活街区位于拱宸桥东，马路窄、路网密，为提高儿童出行的安全性，我们将安全指引做成了缩微景观，通过缩微城市交通、缩微公交站台来打开儿童视角，提升孩子们的安全意识，更真切地触摸街区的市井生活。

"一米泡泡"全社会友好计划（孩子互动玩耍、商户提供服务、服务内容）：儿童友好是全社会的友好，将儿童友好的意识渗透到全社会，联动全街区范围内的商户给孩子们提供温暖服务。首批共有45家商户参与，覆盖了整个街区。这些商户依据自身特点，为儿童提供免费阅读、免费糖果、儿童车停放等10项公益服务。

"趣玩大运河"：街区内日常开展参与类、体验类、展示类等各色儿童活动，寓教于乐，让孩子在玩耍中健康成长。

"儿童友好"并不是一句简单的口号，也不是一次事件和一次尝试，而是让儿童更好地融入社会与生活环境的方式。我们希望，桥西儿童友好街区不仅能成为孩子们健康、自由、快乐成长的友好空间，而且也将为孩子们播种下一粒多元化、包容性、绿色可持续的友好的种子。

——桥西儿童友好街区

② "一米泡泡"计划的户外宣传

③ 父母抱着孩子前来，在"浙江省第一盏电灯"前了解拱宸的历史

②

③

岛屿未来破局之变

　　衢山岛是古时传说里三仙山的"瀛洲"，衢山岛是舟山群岛的第六大岛，它所在的岱衢洋海域是舟山渔场里鱼类资源比较丰富的，5 000年前就有人在岛上繁衍生息了。岛斗是衢山岛西海岸的一个渔村，宋朝开始，岛斗就开始有渔民在衢山岛生活。1950年岛斗的渔业开始了一段快速发展的阶段，在那之后的二十年到达了顶峰。岛斗渔港海岸沿岸也随之快速形成了从捕捞—冷链—渔船维修—渔获交易等一系列产业，渔村也在这个时候逐步发展扩大起来，以平行海岸线的横街与向岛内延伸的直街为骨架，形成了依山望海的渔民生活社区。由于过度捕捞和利用，海洋渔业资源衰退，岛斗渔村发展逐渐迟缓。舟山很多渔村都面临相似的问题，岛斗是舟山众多"沉寂渔村"之一。如何复兴曾经繁华的渔业社会，这是亟待关注与解决的问题。

　　我们搜集了岛斗渔业、渔船、渔港的发展变革，人口数据的变化，深入分析了岛斗的兴衰原因。同时密切关注了岛斗一年里渔民的生产生活状态，采访并记录了当地原住民的真实诉求。从"院子计划"和"斑斓海岸"两个物理空间着手，规划岛斗的复兴与可持续发展节奏。

①老地图显示，岛斗自20世纪六七十年代后便形成了以渔港为产业核心、直街横街为生活主轴，依山面海的空间格局

②岛斗的历史变迁图

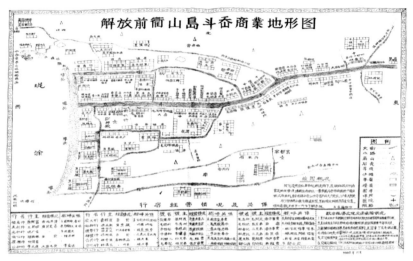

①

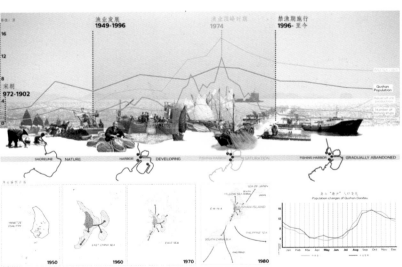

②

③

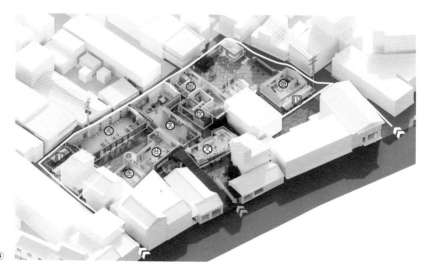

④

"院子计划"是岛斗复兴的第一步，从提升当地居民生活品质出发，整合岛斗村闲置的建筑及空间资源，联动两条主要发展脉络——直街与横街，将街区的生活场景向街巷渗透，形成完整的公共空间体系。通过功能的置换与再利用，为居民提供多元的日常活动与交流的空间。

　　"斑斓海岸"依托岛斗的工业岸线空间，曲折的岸线记录了岛斗渔业发展的兴衰史。我们希望利用这些遗留的"时间痕迹"，为衰落的岸线植入新的业态与内容：将大衢县搬运站改造为岛斗书店，以花园修复石料厂，用渔船讲述岛斗的文化，让海市大排档的烟火气重回码头……希望这条海岸带成为文化、生活、自然共同编织的生态链，为岛斗湾注入新活力。

　　未来的岛斗是一个可持续发展的地方，它将拼合在衢山发展的未来版图之中，不断更新，持续谱写岛斗的文化与生活。岛斗渔港的复兴计划并不是终点，而是起点。在尊重历史的基础上，以在地文化连接并融合于居民在地生活中形成的自豪感、地方认同、地方特色、价值和资源，以及多元内在需求和愿望而形成的核心动力，驱动地方可持续发展，为美丽海岛成为"目的地"探索一条可持续的路径。

——衢山岛的复兴计划

③我们记录了岛斗过去一年的渔事和渔民的生活状态，收集当地人的不同声音和诉求

④"院子计划"的设计图

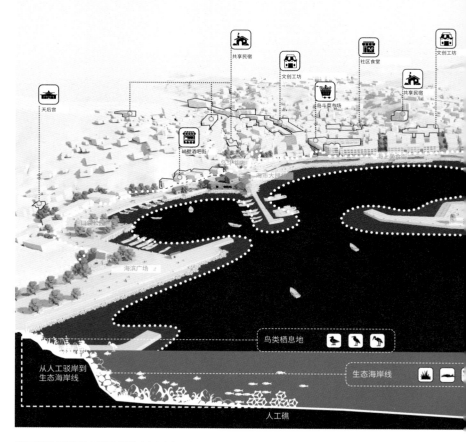

共享民宿

文创工坊

社区食堂

文创工坊

天后宫

峭壁酒吧街

岛斗菜市场

共享民宿

海市大排档

海上美食园

海滨广场

鸟类栖息地

从人工驳岸到
生态海岸线

生态海岸线

人工礁

⑤岛斗的海岸线沉淀了不同时期的产业内容和地方文化,记录了岛斗渔民的生活印记。我们希望为海岸线丰富的物理空间赋予新的场景功能——海市大排档、遗址公园、渔船博物馆、岛斗书店,等等。渔港的新生态是融合了自然生态、文化生态与产业生态的复合体,它承载了岛斗"海上海下共同繁荣"的未来愿景

海洋群落

⑥海市大排档——日落下的渔港海市展现出了岛斗久违的
繁华

⑦渔船博物馆——让泊在海岸的老渔船讲述岛斗渔业文化
发展的历史记忆与反思

⑧遗址公园——用花园缝合自然与人类活动的裂痕,让它
从废弃的工业遗迹变成缤纷的公共花园

⑨岛斗书店——曾经的大衢县搬运站改造成岛斗书店,记
录并续写岛斗老渔民与新海客的共同记忆

⑥

⑦

⑧

⑨

在出行中，将幸福挂在脸上

在杭州地铁沿线的十几个空间设计中，我们以"连接文化生活"和"复兴生动城市计划"的契机点来打通不同的基底与特色，每一个站台，都是一个连接城市在地文化与日常生活的锚点。

坐落于杭州歌舞团旧址的潮王路站，是人们对于青春的回忆，我们将室内舞台解构到室外空间。坐落于杭州古运河上的沈塘桥站，南接西湖，北接运河，是观看"陡门春涨"的地点之一，于是我们在沈塘桥站开设一条文化与艺术的潮汐走廊，以水为语言，重温古运河文化。若干个嵌入式的"文化生活锚点"所组成的网络，连接文化脉络，传递城市印象。

一系列的生态驿站串联起城市的绿色生活。南京长江大桥北站"江滩拾贝"，以江北区原产的"雨花石"为灵感，将"晶鱼"系列下沉广场、地铁出入口、造型风亭雕塑融入逗号公园绿地，将原本棱角分明的公共设施以更友好的方式呈现，为市民打通江边游憩空间。

杭州打铁关沿河绿带，原本是杭城艮山门外的重要关卡。如今，这一段沿河景观随着时光老去，植被繁杂，电动车、自行车以及行人混行，逐渐荒废。我们以人的体验为出发点，梳理沿河绿道景观带，设置人车分流，依照河流走势打造口袋公园，保留大草坪，设置凉亭和健身器材，让这里重新成为人们散步、遛弯、休憩的幸福绿道。

城市的记忆往往是一座城市永远的精神财富。在文三路地铁沿线，曾经"全国三大电子市场"之一的原址上，流淌着工业时代杭州电子产业的记忆：国内首台数字彩色电视机在这里研发成功、中外合作的第一代"大哥大"在这里诞生、浙江省内第一家电脑专业市场在这里兴起……

我们希望通过艺术陈列与互动体验的方式去呈现时代缩影，以旧物之美，连接时代新象。以内容、场景与事件为不同的人群带来深刻感受与美好体验，连接新旧时代的记忆。

——杭州地铁沿线的公共空间营造

①文三路曾是"全国三大电子市场"之一,在文三路地铁站,我们打造"记忆盒子"地铁通道墙,通过艺术陈列与互动体验的方式去呈现时代缩影,以旧物之美,连接时代新象

①

一分钟城市

城市公共空间的弱化与退化，进一步助长了大量封闭式小区的产生。今天散落于城市的各种尺度、形式与质地的公共绿地把不同的社区结合成一座整体的城市，而大部分大型的公共绿地都属于交通或基础设施边缘的缓冲绿地，空间与视野开放，但并没有有效地提供人活动的区域，只是作为城市边缘空间或剩余的消极空间。

城市需要为市民提供休闲、运动、交流、独处或互动的空间，让大家方便到达，感觉安全。我们要关注的不只是绿地，更是小型和散落的口袋公园、邻里公园和小型广场。当我们植入不同的城市功能，如剧场演艺、户外健身、游戏互动、社交休憩、教育与生产的时候，就会产生很大的价值，也构建了1分钟低碳生活图谱。

南京中新生态城市是江苏省政府继苏州高新开发区后的第二个项目。十多年前，江心洲是长江中的一座孤岛，交通不便、配套落后，遍地是阡陌纵横的乡间小道，以及葡萄园、菜田与老房子，与繁华的河西CBD仅一桥之隔。2009年，江心洲蜕变为中新南京生态科技岛，天然的地理优势使其成为中国和新加坡政府联手打造的未来城市模型。江心洲为城市居民规划了一座生态健康的堡垒，洲岛外围是完整的生态绿环，几个大公园构成了江心洲岛的生态绿肺。尽管江心洲有着高标准的生态绿地、公园和博物馆等文化设施，但却因距离的问

①三十几个口袋公园分散在生活社区、办公空间的缝隙里，让公园温度和生活烟火气触手可及

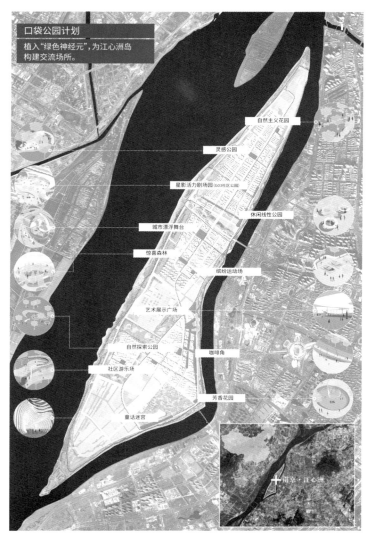

口袋公园计划

植入"绿色神经元",为江心洲岛
构建交流场所。

自然主义花园

灵感公园

星影活力剧场园 (G03社区公园)

休闲线性公园

城市漂浮舞台

惊喜森林

缤纷运动场

艺术展示广场

自然探索公园

咖啡角

社区游乐场

芳香花园

童话迷宫

南京·江心洲

①

题，导致很少人能够在茶余饭后去使用它们，人们无法形成有效的聚集，洲岛依然缺乏城市活力。

我们和管委会提出的"口袋公园计划"旨在去寻找这里的口袋绿地，从而把这些散落在城市中的边角地变成容纳生活的场所，打破城市的"内部郊区化"，从内向外辐射，重新定义人与城市的关系。于是，我们锁定了散落在江心岛上的三十多处原本消极和废弃的空间，根据周边的居民、业态和配套设施，为之植入剧场演艺、户外健身、游戏互动、社交休憩、教育文化等不同的城市功能，为市民提供休闲、运动、交流、社交、独处的机会，从而打造出五分钟生活圈。

同时，我们规划的步行系统，连接着所有的口袋公园，如同一串生活的珍珠项链，以口袋公园为核心，形成连续的城市公共空间界面，进而形成有温度的城市街区。公共空间的场景与内容为城市缔造一个又一个"高光时刻"。伴随节日庆典、文化事件、艺术展示的发生，有时间痕迹的叙事景观也为城市增添了精神意义。公共空间不再受限于物理空间的大小，在时间的维度里，它们终将成为精彩生活的发生器。

——南京中新生态城口袋公园计划

②作为南京中新生态科技岛口袋公园计划启动的第一个口袋公园，"星影活力剧场"正默默为这座城市提供急需的养分，积极响应公共空间、共享街区、城市水处理等诸多公共议题

③"星影活力剧场"依托地块原有地形的高差特征,延续并保留水杉林的场地感受,立足海绵城市理念,结合智慧公园系统,以"共享街道"的方式将城市街道与公园自然连接,成为活力、自然、可持续的亲水社区公园

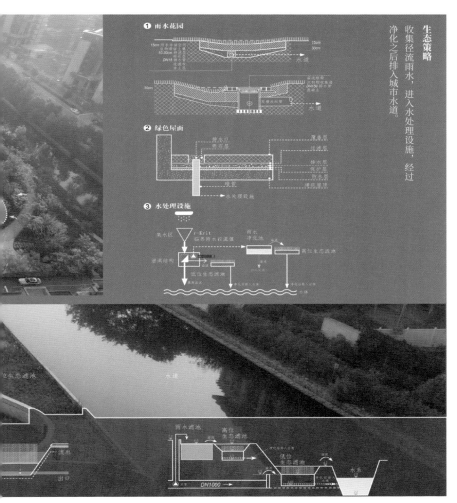

生态策略

收集径流雨水，进入水处理设施，经过净化之后排入城市水道。

❶ 雨水花园

❷ 绿色屋面

❸ 水处理设施

massive
icon

品牌不是去创建一个标志和标语，而是致力于构建一个广泛和包容的战略。在构建价值体系的过程中，寻找精神堡垒、确立语词系统和创新传播，带给用户全新的场景体验。

品牌 BRANDING   323

关于目的地的品牌打造，在今天还是一个全新的概念。尽管对于消费行业而言，品牌已经是实践了几个世纪的内容。对于消费品品牌，我们只要给它创建一个标志或标语，去抵达受众，从而占领心智。而一个目的地不仅汇集了休闲、居住、娱乐、工作、购物的内容体验，同时，这里集聚文化机构、企业、运营者、原住民、新住民、游客等受众，他们对于一个地方创造的氛围和荣誉感，构建了一个目的地的整体性体验。所以目的地的品牌打造，需要基于一个广泛和包容的战略，用于描述独特的体验和内容，从而去区分一个地方和另一个地方的不同。

人们希望去一个地方，或者说是一个目的地，是因为那里提供了一些特别的内容，这些内容是不能在其他地方取得的，如同迪士尼的产品只有在迪士尼乐园才能获得体验。所以目的地的品牌打造不仅仅是基于广告，更是去传达关于目的地的每一个特殊的、难忘的、情感共鸣的体验，和来这里居住、旅游或者定居的人保持联系。

如果说有一件事能让一座城市从众多竞争对手中脱颖而出，那就是强大而独特的品牌形象。比如得克萨斯州奥斯汀，它的口号是"让奥斯汀保持怪异"——它以一种真实、古怪的氛围，与居民和游客产生共鸣，使这座城市成为音乐爱好者和独立文化爱好者追捧的目的地。国际知名品牌专家西蒙·安霍尔特（Simon Anholt）是英国外交办公室公共外交董事会的成员之一，曾经为40多个其他国家元首、政府首脑和内阁提供咨询。西蒙于1996年提出国家品牌的概念。在他看来，发展一个地方品牌包括三个关键组成部分：战略、实质和象征性行动。这些都需要作为一个整体。战略定义了你是谁；实质代表着真实的内容和体验；象征性行为是超级符号,这个符号可以是独特的节日,也可以是独特的内容标签。

所以关于地方品牌,我们需要形成两个闭环,第一是关于故事线的闭环,第二是关于传播的闭环。构成故事线的环是灵感—愿景—场景,而构成传播的环是资讯—超级符号—场景。两者共同基于"场景"而存在。所谓的场景是品牌故事、愿景,转化为具体空间的体验,包含视觉、内容、功能、事件、活动和运营。目的地品牌构建的逻辑是从品牌愿景、品牌价值观到具体场景体验,再到全维的传播。

从愿景到超级符号

今天,我们的城市和地方都在积极开展关于地方品牌的重塑,希望以打造目的地的方式来重振产业、经济和环境。大家依据各自的比较优势,提出"消费目的地、文化目的地、娱乐目的地、创业目的地、宜居目的地、旅游目的地"等标签,希望通过不同的标签来重新塑造对于一个城市和一个地方的新的理解和兴趣。然而重塑一个地方品牌的挑战是需要在多层面上去整合地方的整体性体验,并赋予不同的意义,去构建高度识别的内容和体验。无论从外观、内容、感受和传播上,这些都需要日复一日的坚持。而外界对于地方品牌的最终认同,是需要去判断其内容和传播的一致性是否符合预期,以及与上一次相比,所提供的体验是有多新鲜和多有意义。然而,遗憾的是,在不同的口号和标签下,装的是一

①良渚文化村"20周年焕新计划",以地方营造手段,为品牌再次注入活力

样的内容,这也是互联网传播下的"小红书"效应,由于缺失一致的品牌战略,而成为营销口号下对表象的模仿。

　　阿那亚的品牌之路,是用情怀和温度重塑家乡感。依据这一品牌愿景,所有的产品和内容围绕这一愿景展开,人们基于产品的真实体验,获得了一整套关于生活方式的价值主张及独特的配套服务,这是阿那亚的战略。这个战略包含着从配套体系、特权体系、社群体系、活动体系到运营体系。海边的情感共同体与孤独图书馆等,包括每一年的候鸟300戏剧节,则是阿那亚的实质和象征性的行动。清晰的价值观、鲜明的品牌性格、真实的事件和体验，让同类迅速找到了大家共同的社区，从而构建其"新中产，文艺情结"的共同特征与品牌标签。

目的地的品牌战略：从锚定某个类型基准点，到找到某种有效的连接，最后，实现某个符号意义的品牌化。成功的目的地打造无一不是遵循了以上三个步骤——阿那亚的第一步锚定的是社区类型，连接的是逃离大都市的文化社群，超级符号是阿那亚艺术节；天目里第一步的类型锚点是办公产业园，连接的是喜爱都市生活的社群，超级符号是"天目里空间"；迪士尼的类型基准点是娱乐，连接的是家庭，超级符号则是一系列影视IP。

真实的体验

体验经济时代，重要的是真实的体验，而不是营销的噱头。乔·派恩(Joe Pine)和吉姆·吉尔摩(Jim Gilmore)提出的"体验经济"(Experience Economy)时代，是继农业、工业、服务和知识经济的历史轨迹之后，全球社会的最新阶段。在体验经济中，提供的不再只是产品，它更多的是关于产品带来的体验和背后的价值体系。今天的苹果(Apple)，提供的不仅仅是一部手机，而是体验咨询和娱乐的信息世界；耐克(Nike)提供的不仅仅是一双跑鞋，而是关于运动的精神和社区的概念；同样，阿那亚提供的也不仅仅是一处度假的房子，而是关于一个时代的文艺精神。这是一种不同的游戏，通过体验来和人们构建其关于品牌背后的故事，从而决定着人们是否能与之建立信任和融洽的关系，也决定着一个地方品牌和事件能否从众多的同类中脱颖而出。

有效的品牌体验会产生正面的品牌形象，而这不是品牌所有者或原创者所能控制的。这是因为品牌形象与声誉有关，它是基于一个人与某个品牌的全面接触所产生的感知，无论是实体的还是虚拟的，个人的还是集体的，有意识的还是偶然的。

目的地是有着众多商家、品牌、文化机构、企业、运营者、原住民等的组合，它们对于一个地方的荣誉感和态度，构建了这里的整体性体验。因此，在打造目的地时，如何去平衡这些相关利益者、权力和平等，有着积极且重要的意义，因为它们代表了一个地方的概况，也构成了一个地方的整体体验。最后的结果是人们用脚投票，形成地方品牌的"美誉度"和"忠诚度"。乌镇景区的成功因素之一，是因为在这里以社区的模式构建起了一个生态的商业平台，它的租金依据业态而进行定价，在保证体验多样性的前提下，确保了商家的利益，并维持着一种公平。

为了做到这一点，我们需要提供一些令人信服的和真实的东西，让他们对一个展开的和灵魂激动的故事感兴趣。否则他们就会跑开。很明显，从一开始，当一个地方成为一个超级符号，便成为城市的目的地，不断吸引外来者进入。而居住者将印着商标的商品作为礼物赠送给外来者的时候，一个地方的品牌和归属也就诞生了。

口口相传

在社交网络时代, 口碑传播比以往任何时候都更加重要。随着品牌忠诚大军在微信、小红书、抖音等新媒体平台上迅速形成, 一些负面评论就会对地方品牌产生负面影响。所以从一开始就必须采取正确的策略, 避免口碑的翻车。

事实上, 一个新品牌要真正成功, 最令人信服的表现就是它与其他品牌所建立的正确合作伙伴关系, 要做到这一点, 关键在于协同作用和正确的组合。如果能做到这一点, 那么当我们发布下一阶段的开发时, 所有人都会排队等候。如果我们总是能高度赞扬我们买的东西或我们得到的服务, 那就不需要市场营销或广告了, 产品和场所会自我推销。

口碑宣传是成功的标志, 因为它是诚实的、自发的、高度针对性的、病毒式的和独家的。我们一半以上的购买决策都是由它决定的。

目的地的成功, 就是让来这里的人成为我们最好的大使。是的, 我们希望记者和评论家能把消息传播给他们的忠实观众, 但最终我们需要一支拥护品牌的独立军队, 他们将创造和传递信息, 支持并提升我们的目标。在小红书上成为粉丝, 分享照片让所有人看到, 或者在视频号上发布事件信息, 这就是口口相传——告诉人们你去过哪里, 发生了什么事。

②

③

④

氛围促进品牌的体验

关于购物中心和超市的香味效应,已经有理论证明——烘焙咖啡和面包是最有效的——吸引着人们不自觉地进入。香味和食物的色泽,传达了关于一切美好的氛围。同样,剧院和电影行业中所使用的灯光、声音、布景和特殊效果,一样也在努力营造开心和放松的氛围。这就是所谓的氛围经济——Atmosphere。那么对于一个目的地品牌而言,如何利用氛围去创造和传达出品牌的核心观念和价值观呢?让人们可以在轻松闲逛的时候,去了解和感知。

对于场景而言,标识、公共艺术、户外家具、灯光照明,甚至到环境的平面设计,它是一个地方的整体氛围,它传达真实的情况,无论是对各种细节的关注,还是对各种事物(展览、节日、市场)的关注,都体现了这一点,如同剧院里的戏剧舞台,可以直接创造出令人兴奋的场景和活动。这也是你到达一个地方最为直接、强烈和特别的感受,用于区别一个地方和另一个地方的不同。

氛围的营造,需要我们有着高标准的服务理念,尽管我们某些品牌的服务设计已经取得了很大的进步,例如我们的品牌餐饮、小众品牌酒店,以及一些机构的服务,但大部分地方,仍然在简单地复制着千篇一律的内容,更何况是基于服务设计下的氛围营造呢。

②将工业遗存化为"城市家具",成为亲子的场所。让家门口的公园成为会说话的博物馆
③将运河畔的工业记忆融入日常,转化为无处不在的标识
④工业遗存改造为公共艺术

品牌的生长

我们必须承认一个地方的形象必然会随着时间的推移而改变。从一个原始的状态到一个亲密的场所，每一个生长阶段，都需要有微妙的举动来重新定位一个品牌，让一个新兴的品牌和精心考虑的过程联系起来。所以，动态管理品牌的方法是需要随着时间的推移不断完善的。一个新的地方，我们需要确定一个合乎逻辑的发展，这个逻辑，就是需要来倾听这个地方，让它去指引方向。当然，任何一个项目，我们都需要从总体规划开始，这个规划是依据特定的物理环境，按照投资和运营的测算而展开。

场所的设计决定着所呈现的内容和图像，而倾听这个地方，是去创造一个具有当地特色的地方，它超越了城市设计和现有的建筑美学。这个倾听，是找出发生在附近的事情、故事，它是关于思考如何利用当地文化、当地生态、当地经济，去培养新兴的产业、培育新的文化、创造新的景点和内容，使自己成为现有一切的中心，给当地的居民、城市、机构和合作伙伴提供他们所需要的成长空间、发展空间，让所有人的梦想成为项目的一部分机会。

这是从零开始的一项艰巨任务，目的地是在保持它的真实性基础上，发展未来的价值和意义。在早期阶段，这是由场所的设计决定的，一旦启动并运行，它将在很大程度上取决于所呈现的内容和图像的管理。随着时间的推移，人们将生活在这个品牌中，成为该品牌的拥护者和追随者。他们的热情将比任何营销活动更有效，并将更深入地嵌入到地方的结构中。

　　当您遵循这些基本原则时,目的地品牌就会充分发挥潜力,驱动着人们的到达。

⑤

⑤如同安道是一个充满活力的社区,我们希望所打造的每一个目的地,不仅成为一个休憩与娱乐的地方,更是基于全维度的设计和创意带给人们一个宜居的亲密场所,成为有意义和难忘的"地方"

后记

/艾侠*

　　说到"目的地"，似乎和"出发"这个词紧密相关——人们有多少次出发，就有多少个目的地。

　　在我和安道伙伴们的眼中，曹宇英先生是一位具有独特魅力的领导者。多年以来，他从未停止过对"未来"的描绘和试探，而每一次落实到著作层面的试探，都是一次对行业、对企业、对专业真正意义的再次"出发"。

　　曹总在安道的历史上曾经有过四次这样的"出发"。

　　从景观都市主义出发，将景观确立为城市化进程之中的主体设计服务之一，是2011年的《时代建筑》副刊《走向大景观》；从景观专业与多个学科和利益体的协同平衡、相互促进出发，是2014年的安道作品集《景观的智慧》；从环境心理学出发，将广义的设计理解为人工环境对于城市生活和幸福感的促进，是2018年的概念读本《幸福景观》；从大学科的多义性、企业的多品牌格局、复杂世界的多维连接出发，是2021年的著作《景观的连接》。

而从2021年下半年起，社会经济和行业环境开始出现了明显的、非周期性的变化。中国城市化作为财富积累的黄金时代正在逐渐褪去，安道设计在思维方法和业务导向上也主动求变，试图提出一系列基于"目的地"打造的研究和实践——以"打造未来目的地新形态"为使命，用来探索21世纪"后城市化时代"下的生活方式转型，包括从工作、学习、娱乐、居住、健康、购物、品牌等方面，以高质量的场景创造去继续促进可持续的社会生活。

这样一种转变，体现在安道集团整体搬入杭州LOFT49全新总部大楼。而从更大的行业范畴看，当中国城市化完成量化、均质、效率优先的发展阶段之后，必然进入定制、定向、价值优先的成熟阶段。要想在这个时期获得成功，大型的、成熟的设计公司必须能够预见：如何通过某些关键性的要素，让土地具有目的地效应。

目的地的形成，代表着围绕"目的地"而产生的经济，它不仅创造了多元的消费和体验，更是通过商品、内容、体验和服务带来全新的消费升级。它与增加市场价值的生产性"资本"概念形成鲜明对照，这是来自将消费转换为目的地经济而带来的意义价值。

在复杂多元、瞬息多变的当代世界里，任何经典学科都面临着实践趋势所带来的知识体系的冲击。我们无法仅仅用尺度的层次（区域规划—城市设计—建筑设计—室内设计)去划分设计目标的层次,因为极小尺度的事件可以反向影响城市区域;我们也无法用专业的维度去划分工作对象(建筑、景观、室内、标识、策划、传播),因为它们早已彼此交织渗透,共同耦合出一个真实的世界。

在场景科学的理论启示和验证下,所有的土地都值得期待,所有的目的地都是从"愿景"到"实景"的成功出行。

虽然曹总和安道的这本新书行文风格带有它一贯的散文和写意,但从字里行间我们也可以解读到某种确定性的信息,比如对于"目的地"的方法论,书中的案例大多遵循着这样的三个步骤:第一步,锚定某个引力线索,作为策划和开发的基准点;第二步,为这个基点寻找足够数量的有效连接和流动;第三步,实现某个符号意义的品牌化。比如阿那亚的第一步锚定的是社区类型,连接的是逃离大都市的文化社群,品牌呈现为阿那亚艺术节;杭州天目里第一步的类型锚点是办公产业园,连接的是喜爱都市生活的文化社群,品牌呈现为"天目里空间";迪士尼的类型基础是娱乐,连接的是家庭伙伴,品牌化是一系列影视IP。

从基点锚固到流动连接,再到品牌升华,大致是物理学上从固态到液态,再到气态的过程。

2022—2023年,安道先后以"从土地到目的地""场景塑造社会生活"两大主题,在杭州策划了观念性的特展。作为当代交叉学科产物的"场景理论",为安道的实践提供了丰富的依据。它用一系列基于社会心理学和城市行为学的要素去模拟和组合出目标场景的要素矩阵,将它们融入随机、感性、不可预测的创意设计之中,为原本偶发性的创意行为提供了必要的保障。

本书取名"从土地到目的地",土地价值是生产属性、生活属性、文化属性三者的叠加和耦合:生产属性是土地作为自然资源(山、林、湖、田)等可提供地方劳作和开发的属性;生活属性则是土地在特定区域和资源基础上,所承载和孕育的人类行为的集合;文化属性更是对某时某地生活方式和行为集群所提炼出的美学特征和价值观念。目的地的营造,在于将上述三种价值进行研究和驱动,让人们能够在不同的需求之下,选择和享受所期待的场景。从这个意义上观察,它其实也是西方"场景塑造社会生活"理论的东方版本。

在未来,安道设计集团必将继续实践书中提到的多个观念和路径,去影响他们的客户和合作伙伴,进而影响更多的人们对于中国城市化的认知转型,让我们拭目以待。

最后,衷心祝愿曹宇英先生和他的"第五次出发",能够顺利到达所期望的"目的地"。

*:艾侠先生是业界知名的建筑评论人和研究学者,自2010年起,他以研究顾问的身份参与了安道设计的多项课题,是安道发展历程的见证者

REFERENCES 参考文献

[1] Greg Richards. Incorporating festivals and events into a destination tourism strategy[M]. Arnhem: ATLAS, 2022.

[2] Andrew Smith, Guy Osborn, Bernadette Quinn. Festivals and the City: The Contested Geographies of Urban Events[M]. London: University of Westminster Press, 2022.

[3] Ingo Schweder. A guide to developing wellness real estate[R]. United States: Boston University, 2022.

[4] Coralie Marti. Tourism: An opportunity for the development of Rural Areas (Part 2)[Z].

[5]张诚,刘祖云.乡村公共空间的公共性困境及其重塑[J].华中农业大学学报(社会科学版),2019(2):1-7.

[6] Helen Manchester, Keri Facer. Towards the All-Age Friendly City[M]. Britain: University of Bristol, 2014.

[7] Angela Spathonis, Diane Thorsen, Julijana Mitic. The Sustainable Hotel: Designing for Wellness and Resilience[Z]. Gensler, 2020.

[8] Prem Jagyasi. Wellness Resort Design and Architecture[Z]. 2020.

[9][美]威廉·H·怀特.小城市空间中的社会生活[M].上海:上海译文出版社,2016.

[10]费孝通.乡土重建[M].长沙:岳麓书院,2012.

[11]原研哉.地方、游历与栖居—安徽黄山黟县西递自在谷研究手册[Z].2020

[12]特里·尼科斯尔·克拉克,丹尼尔·亚伦·西尔.空间品质如何塑造社会生活[M].北京:社会科学文献出版社,2019.

[13] Battersea Power Station Development Company. The Placebook[M]. London: JTP Press. 2014.

[14]大卫·西姆.柔性城市:密集·多样·可达[M].北京:中国建筑工业出版社,2021.

[15]圣地亚哥·贝鲁埃特.花园里的哲学[M].北京:北京联合出版公司,2020.

[16]理查德·佛罗里达.创意阶层的崛起[M].北京:中信出版社,2010.

[17]吴军,齐骥.创意阶层与城市发展[M].北京:人民出版社,2022.

[18] Dane Carlson. Transforming Your City With Destination Development[Z]. 2023.

[19]包卿,施道红,兰艺馨.创新型社区园区和城区——全球创新区典型案例探究[M].北京:中国财政经济出版社,2022.

[20]叶梓涛."严肃"的游戏—Paidia系列的第一篇[Z].2020.

[21]戴维·索恩伯格.学习场景的革命[M].杭州:浙江教育出版社,2020.

[22]斯图尔特·布朗,克里斯托弗·沃恩.我们为什么要玩[M].重庆:重庆大学出版社,2022.

[23]亨利·列斐伏尔.空间的产生[M].北京:商务印书馆,2022.

[24]欧文·戈夫曼.日常生活中的自我呈现[M].北京:北京大学出版社,2022.

[25] Ray Oldenburg. The Great Good Place[M]. Boston: Marlowe & Co, 1999.

图书在版编目(CIP)数据

从土地到目的地 / 曹宇英著. — 上海：上海三联
书店，2024.7
ISBN 978 - 7 - 5426 - 8499 - 8

Ⅰ. ①从… Ⅱ. ①曹… Ⅲ. ①城市规划 Ⅳ.
①TU984

中国国家版本馆CIP数据核字(2024)第087263号

从土地到目的地

著　　者 / 曹宇英

责任编辑 / 陈马东方月
装帧设计 / 安道设计
监　　制 / 姚　军
责任校对 / 王凌霄

出版发行 / 上海三联书店
　　　　　　(200041)中国上海市静安区威海路755号30楼
邮　　箱 / sdxsanlian@sina.com
邮购电话 / 编辑部：021 - 22895517
　　　　　　发行部：021 - 22895559
印　　刷 / 上海盛通时代印刷有限公司

版　　次 / 2024 年 7 月第 1 版
印　　次 / 2024 年 7 月第 1 次印刷
开　　本 / 890mm×1240mm　1/32
字　　数 / 180千字
印　　张 / 10.75
书　　号 / ISBN 978 - 7 - 5426 - 8499 - 8/TU・63
定　　价 / 72.00 元

敬启读者,如发现本书有印装质量问题,请与印刷厂联系 021-37910000